たった10行で
仕事がはかどる
Excel
マクロ&VBA
全部入り

古川順平 著

改訂2版

JN137101

インプレス

はじめに

　皆さん、プログラミングに興味はありますか？　本書はプログラミング機能である「マクロ」を使って、Excelを操作するコツをご紹介する本です。

　とはいえ、いきなりプログラミングというのは敷居が高いと感じる方も多いでしょう。そこで本書では、基礎の仕組みをざっとご紹介し、そのあとに実際よく使う処理を基本的に「10行以内で」作成したものを用意してみました。なかには5行くらいのものもあります。

　いきなり長いプログラムを読もうとしても、無理です。そもそも仕組みやルールがわからなければ、単なる単語の羅列にしか思えませんし、長すぎるプログラムはそれだけで読むのを体が拒否してしまう方も多いでしょう。

　まずは短いプログラムを通じて、書き方のルールやコツ、プログラムと実行結果の関係を少しずつつかみ、だんだんと自分の目的の作業を行えるようにステップアップしていきましょう。そういったスタイルの学習には、5行から10行くらいのプログラムが向いているのです。

　もちろん、自分の使いたい機能が本書のサンプル内にあれば、そのまま流用してもらってかまいません。いくつかのサンプルを組み合わせたり、サンプルを基にAIに改良してもらったりなんて使い方もいいですね。

　そして、プログラムのルールだけでなく、Excelでプログラミングを行う際ならでは特有のコツや注意点、そして、便利機能も押さえておきました。ぜひご活用ください。

　プログラミングを使ってExcelを操作できるようになると、作業効率、いわゆるタイムパフォーマンスがぐっと上がります。タイパ改善に興味のある方、楽に正確に作業を行いたい方、そして、プログラミングの楽しさを体感したい方、本書をきっかけにしてチャレンジしてみませんか？　必要なのは、Excelとほんのちょっとのやる気だけです。大丈夫。長くても10行ですよ！　さあ、始めましょうか。

2024年8月　酷暑の富士山麓にて　古川順平

たった10行で仕事がはかどる Excel マクロ&VBA 改訂2版 全部入り

contents もくじ

Chapter 1 利用前に押さえておくべきマクロの基礎知識 … 011

マクロの基本

001	マクロを使っていつもの仕事を自動化しよう	012
002	マクロを使うための下準備をしよう	014
003	マクロの内容を確認・編集するVBEを表示するには	016
004	マクロは「モジュール」に記述していく	018
005	1つのマクロは3つの要素で構成されている	020
006	自作マクロをイチから作ってみよう	022
007	マクロを実行する	024
008	モジュール内での数値・文字・日付の書き方	026
009	マクロを含むブックを保存する	028
010	マクロを含むブックを開く	030
011	マクロの実行を中断する	032

Chapter 2 知っておきたいマクロの基本ルール … 033

オブジェクトと命令

012	命令は「オブジェクト」の仕組みを使って指定する	034
013	オブジェクトの指定に便利な「コレクション」	036
014	オブジェクトの状態を管理する「プロパティ」	038
015	オブジェクトの機能を実行する「メソッド」	040
016	機能のオプションを指定する「引数」	042
017	選択式のオプション設定を指定する「組み込み定数」	044

| 018 | オブジェクトは階層構造を使っても指定できる | 046 |

演算子と変数
019	VBAで計算を行うときに使用する記号（演算子）	048
020	変数に値を「代入」する	050
021	変数にオブジェクトを代入する	052
022	変数のデータ型	054

Chapter 3　繰り返しと条件分岐の仕組みで便利さを一段とアップさせる　055

繰り返し・条件分岐
023	指定回数繰り返す仕組みを作る	056
024	リストを使って繰り返す仕組みを作る	058
025	条件に応じて実行する処理を自動で切り替える	060
026	もう少し細かく実行する処理を選ぶ	062
027	実行時に［はい］か［いいえ］で選んでもらう	064

Chapter 4　マクロ作りを効率化するお助け機能を押さえる　067

整理整頓のコツ
028	モジュールでマクロを整理する	068
029	モジュール名込みでマクロを実行する	070
030	マクロに引数を用意する	072
031	コメントを使って整理する	074
032	ややこしい処理を一言で表せる「関数」を自作する	076
033	「名付けルール」を大事にする姿勢が重要	078

調べ方
034	利用したいオブジェクトの調べ方	080
035	用意したコメントを基にAIにマクロのひな形を作ってもらう	082
036	AIにコードを提案してもらうときのコツ	084

便利機能

037	エラーが起きたときの対処方法	086
038	開発時に変数や計算結果を確認用に書き出す	088
039	1行ずつ実行する「ステップ実行」	090
040	「名前」を基に自動入力して楽をする	092
041	自動化したい操作をマクロとして記録する	094

Chapter 5 面倒なデータ入力を一瞬で終える　097

値や数式の入力

042	会社の住所や連絡先を一発で入力する	098
043	数式や関数を簡単に入力する	100
044	複雑な相対参照の関数・数式を瞬時に入力する	102

ワークシート関数の利用

| 045 | VBAでワークシート関数を利用する | 104 |
| 046 | VBAでスピル系のワークシート関数を利用する | 106 |

日付の計算と入力

047	日付値から曜日の文字列を得る	108
048	10日後や10カ月後の日付を得る	110
049	月初日や月末日を得る	112

データの自動入力

| 050 | 30%の確率で「当選」と入力するシミュレーションを行う | 114 |
| 051 | セル範囲にまとめてデータを入力する | 116 |

コピー＆ペースト

052	よく使う表のパターンをマクロでコピーする	118
053	数式を一発で値に置き換える	120
054	書式のみを引き継ぐ	122
055	非表示な行・列がある場合のコピーのコツ	124

Chapter 6 既存データを素早く正確に修正する　125

データの修正
- 056　修正の基本は「上書き」　126

フリガナと文字整形
- 057　カタカナのみを全角にする　128
- 058　全角／半角やひらがな／カタカナを統一する　130
- 059　日付変換されてしまった文字列を元に戻す　132
- 060　並べ替えがうまくいかないときはフリガナを一括消去する　134
- 061　漢字にフリガナを一括で設定する　136

データの削除
- 062　請求書を一発で初期状態にする　138

文字列の処理
- 063　選択セル範囲内の値に「様」を付加する　140
- 064　選択セル範囲内の文字列を一括置換する　142
- 065　リストに従って複数置換を連続で実行　144
- 066　セル内改行や文字列を置換・消去する　146

表の修正・確認
- 067　複数のセルの値を連結する　148
- 068　書類の提出前に非表示セルの有無をチェックする　150

Chapter 7 表全体のチェックと書式設定を行い正確で見やすい表を作る　151

表データの操作
- 069　データ数が増減する表全体を選択する　152
- 070　表内の特定行・特定列を選択する　154
- 071　テーブル範囲のデータを扱う　156
- 072　新規データの入力位置を取得する　158
- 073　連番の最新値を取得して入力する　160

074　参照式がズレているセルに色を付ける ……………………… 162

文字の書式設定
075　定番フォントの組み合わせに統一する ……………………… 164
076　列幅や行の高さを自動調整する ……………………………… 166
077　一発でいつもの表示形式を設定する ………………………… 168

罫線と背景色の設定
078　決まったパターンの罫線を引く ……………………………… 170
079　5行ごとに罫線を引く ………………………………………… 172
080　背景色を設定／消去する ……………………………………… 174
081　数式の入力されているセルのみ背景色を設定する ………… 176

表データの整形
082　3行ごとに空白行を挿入する ………………………………… 178
083　表のデータ部分を扱いやすくするコツ ……………………… 180
084　表の重複を削除する …………………………………………… 182
085　コピーしてきたカンマ区切りのデータを列ごとに配分する ……… 184

Chapter 8　図形やグラフを美しく整える　187

図形・グラフの操作
086　シート上の図形やグラフをマクロで操作する ……………… 188
087　図中の文字列を縦横中央に配置する ………………………… 190
088　吹き出し内のテキストを変更する …………………………… 192
089　グラフ・図形の位置や大きさを調整する …………………… 194
090　定番グラフを一瞬で作成する ………………………………… 196

Chapter 9　乱雑なデータから瞬時に答えを導く　199

データの確認・整理
091　特定文字が入力されているセルに一括で色を付ける ……… 200

| 092 | チェック用に色を付けておいたセルに移動する | 202 |
| 093 | いつも指定している順番でデータを並べ替える | 204 |

データの抽出と活用

094	定番のフィルターでデータを抽出する	206
095	「ア」行のデータを抽出する	208
096	重複を取り除いたリストを作成する	210
097	フィルターの結果を転記する	212
098	抽出したデータから必要な列だけを転記する	214
099	抽出したデータのみのスポット集計を行う	216

コピーと選択の応用テクニック

| 100 | テーブル機能の範囲をコピーする | 218 |
| 101 | ベスト5のレコードのみ転記する | 220 |

表をすっきり見せるテクニック

| 102 | フィルター矢印を非表示にして見やすくする | 222 |

Chapter 10 印刷とデータの書き出しをスマートにこなす 223

印刷の設定

103	印刷範囲を自動設定する	224
104	不要な範囲を隠して印刷する	226
105	改ページを表す点線を非表示にする	228
106	大きな表をA3用紙1枚に収まるように印刷する	230

データの書き出し

107	グラフを画像として書き出す	232
108	ブックが保存されているフォルダーを取得する	234
109	日時付きでコピーして万全のバックアップ	236
110	セルに作成したリストの名前でブックを連続作成する	238
111	保存用フォルダーがない場合に作成する	240

Chapter 11 ブックとシートを自在に操る 241

ブックとシートを操作する

- 112 マクロでシートを操作する ……… 242
- 113 マクロでシートの追加・削除を行う ……… 244
- 114 新規シートを末尾（いちばん右）に追加する ……… 246
- 115 場所を指定してシートをコピーする ……… 248
- 116 マクロでブックを操作する ……… 250
- 117 ブックを開いて操作する準備をする ……… 252
- 118 マクロで新しいブックを追加する ……… 254
- 119 いろんな形式でブックを保存する ……… 256
- 120 ブックを閉じる ……… 258

Chapter 12 ブックとシートをまとめて操作する 259

ブックやシートを一括操作

- 121 バックグラウンドで開いているブックをまとめて閉じる ……… 260
- 122 現在のシートを残して削除する ……… 262
- 123 まとめて操作するシートのリストを作る ……… 264
- 124 すべてのシートのセルA1を選択して保存する ……… 266
- 125 非表示シートがあるかどうかをチェックする ……… 268
- 126 シート上のリスト通りに新規シートを追加する ……… 270

マクロからファイル操作

- 127 フォルダー内のすべてのExcelブックを列挙する ……… 272
- 128 シート上のリスト通りにファイル名を変更する ……… 274

データの統合

- 129 複数シートをまとめてコピーして新規ブックを作成する ……… 276
- 130 あとで参照したい資料を専用ブックにコピーする ……… 278
- 131 複数シートのデータを1つのシートにまとめる ……… 280

Chapter 13 自動化の可能性を広げるプラスαのテクニック　283

プラスαのテクニック
- 132 現在のブックのフォルダーを開く ……… 284
- 133 いつものウィンドウサイズに調整する ……… 286
- 134 画面のちらつきやイベント処理を抑えて高速化する ……… 288
- 135 指定時間や一定の間隔でマクロを実行する ……… 290

マクロを手軽に実行する
- 136 マクロをボタンや図形に登録する ……… 292
- 137 マクロをクイックアクセスツールバーに登録する ……… 294
- 138 マクロをショートカットキーに登録する ……… 296
- 139 指定のタイミングでマクロを実行させる ……… 298

動作のチェック
- 140 テキストファイルにログを書き出す ……… 302
- 141 ブレークポイントを利用する ……… 304

VBEの操作
- 142 VBE自体をマクロで操作する ……… 306
- 143 モジュールをテキストファイルとして書き出す ……… 308
- 144 書き出しておいたモジュールを読み込む ……… 310
- 145 マクロや関数の一覧表を作成する ……… 312
- 146 外部ライブラリの仕組みと利用方法を知っておこう ……… 314

サンプルファイルのダウンロードサービス

本書で紹介しているマクロを掲載したExcelブックをダウンロードいただくことができます。実際にマクロの動作を確認しながら本書をお読みいただくことで、より深い理解を得られるでしょう。サンプルファイルのダウンロード方法は、P.319を参照してください。

Chapter 1

利用前に押さえておくべきマクロの基礎知識

本章ではExcelでマクロを利用・作成するにあたっての準備と、最初に知っておいたほうが後々の作業が楽になる仕組みをご紹介します。

仕組みを確認する際には、実際にちょっとしたマクロの作成を体験してみましょう。マクロと言うと、なんだか難しい印象があるのですが、やってみると案外単純なルールで作成できるものです。

あわせて、マクロを利用する際に「自分が意図していないマクロが勝手に実行されないようにするための仕組み」、いわゆるセキュリティの設定と仕組みについてもご紹介します。

それでは、見ていきましょう。

マクロの基本　　　　　　　　　　　　　　　　　　　　基本

001 | マクロを使っていつもの仕事を自動化しよう

◢ 面倒な作業もボタン1つで即完了！

　Excelで業務を行っているあなた、「**Excelは自動化できるらしい**」と聞いたことはないですか？　その通り。実はExcelには作業を自動化する機能が用意されています。その名を**［マクロ］機能**と言います。

　自動化したい作業をあらかじめ「マクロ」という形式で記述すれば、その手順でExcelが作業を自動実行してくれます。言ってみれば、指示書を書いておき、それを渡して手順通りに作業を行ってもらうスタイルです。

　この**マクロの内容は、プログラムとして記述**します。1つの操作はだいたい1行のプログラムで記述できるので、例えば、あなたが「罫線で囲って、フォントを設定して、列ごとに位置を調整して…」というような5手順ほどの操作を自動化したいとすれば、だいたい5行のプログラムを書けばOK。いったん書いてしまえば、それ以降はボタンをポンと押せば完了です。もちろん、10手順だろうが100手順だろうが同じというわけです。

図1：プログラムを記述した通りに実行

ID	担当者	地区	日付	金額
1	大澤	本店	5月6日	410000
2	大澤	本店	5月9日	1320000
3	白根	本店	5月22日	2930000
4	大澤	本店	5月22日	2200000
5	白根	本店	6月3日	2610000
6	大澤	本店	6月10日	480000

→ マクロ実行 →

> 何手順もかかる作業を一気に終わらせることができる

ID	担当者	地区	日付	金額
1	大澤	本店	5月6日	410,000
2	大澤	本店	5月9日	1,320,000
3	白根	本店	5月22日	2,930,000
4	大澤	本店	5月22日	2,200,000
5	白根	本店	6月3日	2,610,000
6	大澤	本店	6月10日	480,000

　「えっ、それじゃあプログラムを自分で書かないといけないのかな。難しそうだなあ」と思った方、安心してください。実はExcelには、各種のマクロを作成するためのお助け機能が用意されています。つまり、**意外と手軽に作れるもの**なのです。

　面倒な作業も、マクロを作ってボタンを1つ押せば完了してしまう、ということも夢ではありません。ぜひ、マクロの仕組みや使い方をマスターして、日々の業務の効率化・時間短縮に役立ててください。

■ マクロのメリットは「素早く」「正確に」

マクロの最大のメリットは、なんといっても**時間のかかる面倒な作業を、一瞬で完了できる点**です。マクロはプログラムとして記述された内容をあっという間に実行します。普段何時間もかけている作業が、ほんの何秒かで終わってしまうことさえ珍しくありません。マクロは作業時間を短縮し、いわゆるタイパ（タイムパフォーマンス）を上げるための最良のパートナーといえます。

さらに、マクロはコンピューターで自動実行されるため、**手作業のときのようなうっかりミスがありません**。手作業では、どんなに注意してもケアレスミスが生じる可能性がありますが、マクロであれば確実に防ぐことができます。

この**「時間短縮」**と**「正確性」**が、マクロ機能のメリット2本柱なのです。

図2：時間短縮と正確性がマクロのメリット2本柱

■ マクロは学習しやすい環境が整っている

ところで、「数あるプログラミング環境の中でマクロを学習するってどうなの？」と思う方もいると思います。ほかのプログラミング言語と比べたときのメリットは、その**圧倒的な学習のしやすさ**です。

Excelさえ手元にあればすぐに始められ、成果もすぐに確認できます。基本文法はシンプルであり、何より、すでに使いこなしている先輩や仲間がたくさんいるため、参考になる情報が豊富で、その情報を基に学習したAIによる解説も充実しています。**初めてプログラムを学習するのに、非常に「手ごろ」なポジション**なのです。さあ、それではマクロの学習を始めましょう。

マクロの基本　　　　　　　　　　　　　　　　　　　　　　　基本

002 | マクロを使うための下準備をしよう

☑ Excelに［開発］タブを追加する

　マクロ機能を利用する際には、リボンに［開発］タブを追加しておくと便利です。また、［セキュリティセンター］の［マクロの設定］画面で一定のセキュリティの設定を行うと、安全にマクロを利用できます。

図1：［開発］タブ

［開発］タブにマクロ関連の機能がまとめられている

　［開発］**タブ**は、リボンのタブ部分を右クリックし、［リボンのユーザー設定］をクリックして表示されるダイアログから追加できます。

図2：［開発］タブの追加手順

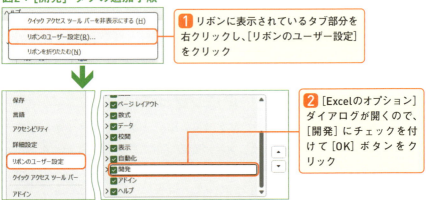

1. リボンに表示されているタブ部分を右クリックし、［リボンのユーザー設定］をクリック

2. ［Excelのオプション］ダイアログが開くので、［開発］にチェックを付けて［OK］ボタンをクリック

　この［開発］タブには、マクロ関連の機能がまとめられているので、「マクロ関連で何かしたかったら、とりあえず［開発］タブ内を探してみる」というスタンスで活用しましょう。

マクロを活用するためのセキュリティの設定と確認

Excelには、うっかり出所のわからないブックを開き、悪意のあるマクロ（いわゆる「マクロウイルス」）を実行してしまわないよう、マクロに関するセキュリティの設定ができるようになっています。

マクロを活用するには、[**警告して、VBAマクロを無効にする**]の設定（初期設定）にしておくのがおすすめです。これは、マクロのブックを開いたときに確認メッセージを表示し、[OK]ボタンを押した場合のみマクロの実行を許可する設定です。

図3：マクロのセキュリティの確認／変更手順

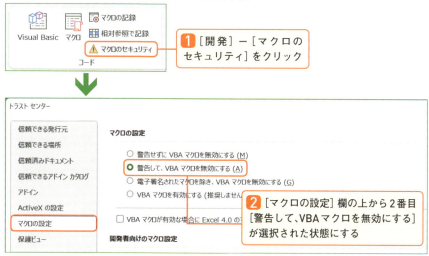

これで、出所が不明なマクロを含むブックを開いた際には、警告メッセージが表示され、そこで許可をしない限りはマクロが実行できないようになります。安全ですね！

なお、[警告して、VBAマクロを無効にする]という文言は、Excelのバージョンによって多少異なります。

ここもポイント | **[開発]タブの設定は一度でOK**

[開発]タブは一度追加すればExcelを終了しても保持されます。

マクロの基本　　　　　　　　　　　　　　　　　　基本

003 | マクロの内容を確認・編集するVBEを表示するには

マクロの編集・確認は、「**VBE（Visual Basic Editor）**」という専用画面で行います。

◢ VBEの表示

VBEは、リボンの**[開発]タブ内の左端にある[Visual Basic]ボタンをクリック**して表示します。元のExcelの画面に戻るには、VBEの右上の［×］ボタンをクリックして画面を閉じるか、VBEのツールバーの左端にあるExcelアイコンの［表示 Microsoft Excel］ボタンをクリックすればOKです。

図1：VBEの表示

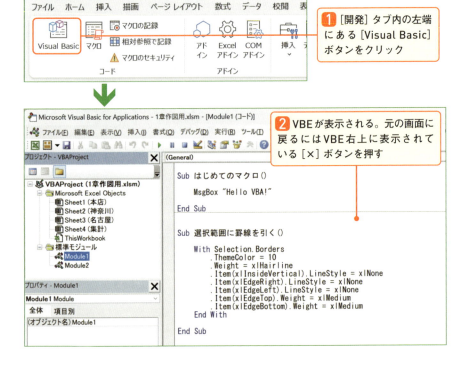

VBEの4つの主要ウィンドウ

VBEは、4つのウィンドウに別れています。主に利用するのは、プログラムが記述された「モジュール」を選択する**プロジェクトエクスプローラー**と、内容の表示・編集を行う**コードウィンドウ**です。

図2：VBEの4つの主要ウィンドウ

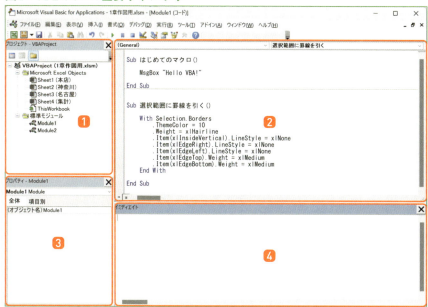

表1：VBEの4つのウィンドウと用途

名称	用途
❶ プロジェクトエクスプローラー	ブック内の構成要素を確認・編集
❷ コードウィンドウ	マクロの内容を確認・編集
❸ プロパティウィンドウ	ブックなどの設定を確認・編集
❹ イミディエイトウィンドウ	ちょっとしたテストや確認用の出力場所

ざっくり言うと、左上のプロジェクトエクスプローラーで「どこにマクロを書くか」を選び、右上のコードウィンドウでマクロを編集していきます。

> **ここもポイント** | **VBEとExcelの画面は Alt + F11 で切り替えられる**
>
> Alt + F11 キーで、押すたびにVBEとExcelの画面が切り替えられます。覚えておくと便利なショートカットキーですね。

マクロの基本　　　　　　　　　　　　　　　　　　　　　　　　基本

004 マクロは「モジュール」に記述していく

◢ 「モジュール」にマクロの内容を記述していく

　マクロの内容は**「モジュール」**という場所に書いていきます。データはワークシートに入力していくのと同様、マクロはモジュールに入力していく、というわけです。

　モジュールを追加するには、VBEのメニューバーから［挿入］-［標準モジュール］を選択します。

図1：標準モジュールの追加

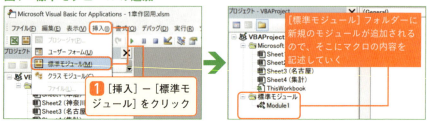

　プロジェクトエクスプローラーは、その名の通り、ファイルを扱う「エクスプローラー」のように「今開いているExcelブックの構成」をツリー状の階層構造で表示する仕組みになっています。

　ここにモジュールを追加すると、**「標準モジュール」フォルダー内に新規のモジュールが追加されます**。モジュールはワークシートのように複数モジュールを自由に追加・削除できます。

　追加したモジュールにマクロの内容を記述するには、まず、プロジェクトエクスプローラーで対象モジュールをダブルクリックします。すると、右隣のコードウィンドウにその内容が表示されます。

◢ モジュールのクセを知っておこう

　さっそくマクロを記述したいところですが、その前にモジュールの削除方法と名前の変更方法を押さえておきましょう。各方法にはちょっとクセがあるのです。**プロジェクトエクスプローラー内で削除したい標準モジュールを**

右クリックし、**[(モジュール名)の解放]を選択**します。すると、「削除する前にModule1をエクスポートしますか？」というメッセージが表示されますが、**[いいえ]を選択**しましょう。これで、指定モジュールが削除されます。

図2：モジュールの削除

削除するのに「削除」ではなく「解放」という名称であったり、「エクスポートしますか？」というピンと来ないメッセージに対して「いいえ」を選択したりするなど、通常の削除処理とは異なるのですが、これが削除手順となります。

次に、モジュール名の変更方法です。プロジェクトエクスプローラーで名前を変更したいモジュールを選択し、下側にある**プロパティウィンドウの[(オブジェクト名)]欄に新しいモジュール名を入力**します。

図3：モジュール名の変更

プロジェクトエクスプローラー上では変更できない点に気を付けましょう。

> **ここもポイント｜「追加」と「削除」はセットで覚える**
>
> 機能を覚えるときは、「追加」とセットで「削除」や「元に戻す方法」を覚えておくことがポイントです。元へ戻す方法を知っておけば、「試してみたいけれど、壊れたらどうしよう」ではなく「どうせ元に戻せるから、いろいろ試してみよう」というスタンスで学習に臨めるため、効率と知識の幅がグッと広がります。

マクロの基本

005 1つのマクロは3つの要素で構成されている

■ マクロは「Sub」で始まり「End Sub」で終わる

「Sub」で始まり、「End Sub」で終わる間に記述されたプログラムは、1つのマクロとして扱われます。また、1つの標準モジュール内には、複数のマクロを記述することができます。このとき、「Sub」の後ろに1つ半角スペースを空け、続けて記述された文字列が**マクロ名**になります。

「Sub」から「End Sub」までが1つのマクロ

```
01  Sub セルに値を入力()
02      'セルA1とセルA2に値を入力
03      Range("A1").Value = "マクロから入力"
04      Range("A2").Value = "Excel VBA"
05  End Sub
```
1つ目のマクロ

```
01  Sub セルをクリア()
02      'セルA1とセルA2の値や書式をクリア
03      Range("A1").Clear
04      Range("A2").Clear
05  End Sub
```
2つ目のマクロ

上記の場合は、マクロ「セルに値を入力」とマクロ「セルをクリア」の2つのマクロを記述した場合の例です。

マクロ内の「Sub」から「End Sub」で終わるまでの間には、実行する内容を記述した文字である「**コード**」と、プログラムの実行結果には影響しないメモ書きの「**コメント**」を記述できます。

ちなみに、マクロ名に使用できるのは、英数字・漢字・ひらがな・カタカナ、そして「_（アンダーバー）」です。「%」や「#」などの記号や、マクロ名の途中にスペースを入れることはできません。また、数字とアンダーバーは、マクロ名の先頭には使用できません。

マクロの3つの構成要素

1つのマクロは、以下の3つの要素で構成されています。まずは3つの要素の位置や役割をざっと押さえておきましょう。

表1：マクロ名・コード・コメント

要素	説明
マクロ名	マクロのタイトル。 マクロ実行時に［マクロ］ダイアログに表示される名前。基本的に好きな名前を付けられるが、記号が使えず、数字とアンダーバーからは始められないなどの制限がある。
コード	マクロの内容を記述したテキスト。 基本的に1行で1つの命令となり、複数行のコードが記述されている場合には、上から順番にその内容が実行されていく。1つのマクロとして実行される範囲は、「Sub」から「End Sub」までの間に記述されたコードとなる。
コメント	マクロ内に記述できるメモ書き。 「'（アポストロフィー）」から始まり、改行するまでの範囲に記述されたテキスト。マクロの実行内容には全く影響を与えず、マクロの内容や開発中に気になっている点などのメモ書きに利用できる。

マクロを構成する3つの要素

```
01  Sub セルに値を入力()                           ← マクロ名
02      ' セルA1とセルA2に値を入力                  ← コメント
03      Range("A1").Value = "マクロから入力"  ┐
04      Range("A2").Value = "Excel VBA"      ┘ ← コード
05  End Sub
```

ここもポイント │ コメントは「'」から始める

マクロ内のコメントは、[Shift]＋[7]キーで入力できる「'（アポストロフィー）」から始めるルールとなっています。1行全体をコメントとするほかにも、コードの途中でアポストロフィーを入力し、以降から行の最後までの範囲をコメントとすることも可能です。コメント部分は、緑色の文字で表示され、通常のコード部分とは区別されます。

マクロの基本　　　　　　　　　　　　　　　　　　　　　　基本

006 自作マクロを
イチから作ってみよう

図1：自作のマクロを実行する

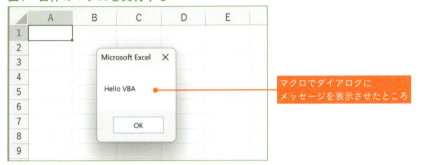

マクロでダイアログに
メッセージを表示させたところ

■ イチからマクロを自分で記述する際の手順

　実際に、イチからマクロを作成してみましょう。新規ブックを作成し、VBEで新規にモジュールを追加したら準備完了です。
　まず、「ここからここまでの内容がひと固まりのマクロですよ」と見分けが付くように範囲を定義します。**「Sub」に続けて1つ半角スペースを空け、任意のマクロ名を入力して** Enter **キー**を押しましょう。すると、**マクロ名の後ろに自動的に「()」が入力され、さらに、下の行に「End Sub」と入力されます**。これがマクロのフォーマットになります。
　この「Sub」から「End Sub」の間の行に記述したコードが、ひと固まりのマクロの内容となります。

■ マクロを記述してみよう

　では、実際にマクロを記述してみましょう。とりあえずは次の図2のようにキーボードを使って入力してみてください。今はまだ意味はわからないかもしれませんが、とにかくそのまま入力してみましょう。
　なお、**コードを入力する際には、行頭で** Tab **キーを押して、インデント（字下げ）をしておくのがおすすめ**です。このインデントにより、どこからどこまでが1つのマクロの内容なのかがわかりやすくなるのです。

図2：マクロの記述手順

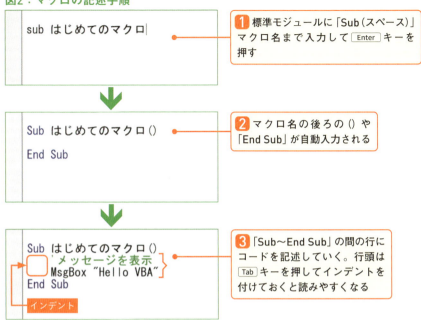

これでマクロ「はじめてのマクロ」の完成です。できれば実際に手を動かして体験してほしいところですが、入力が面倒な場合やうまくいかない場合は、サンプルブックを開いて完成後のマクロと見比べてもらってもかまいません。

> **ここもポイント　大文字／小文字、全角／半角は区別されない**
>
> Excelのマクロでは、英字の大文字／小文字や全角／半角を区別しません。また、登録されている単語を入力した場合、登録されている形式へと自動変換されます。例えば、メッセージを表示するMsgBox関数をすべて小文字で「msgbox」と入力しても、「MsgBox」と登録された形式に変換されます。
> この仕組みを知っていると、「大文字／小文字を気にしないで全部小文字で入力し、自動変換で見やすい形式に変換してもらう」というスタイルでコードを記述していけます。
> さらにもう一歩進めて「わざと全部小文字で入力し、自動変換されなかったらスペルミスをしている」という考え方でケアレスミスに気付きやすくするスタイルでの記述もできます。自動変換をうまく活用していきましょう。

マクロの基本

007 マクロを実行する

基本

作成したマクロは［マクロ］ダイアログから実行

作成したマクロは［マクロ］ダイアログから実行できます。Excel画面に戻り、［開発］タブ内の左側にある［マクロ］ボタンを押すと**［マクロ］ダイアログ**が表示されます。

作成済みのマクロがリスト表示されるので、**実行したいマクロを選択し、［実行］ボタンを押せば記述したコード通りの作業が実行**されます。

図1：［マクロ］ダイアログからマクロを実行

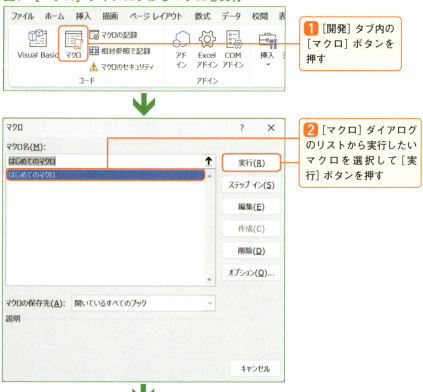

マクロの内容が実行される
（サンプルではメッセージ
ダイアログが表示される）

　用意しておいたマクロの中から、実行したい作業のマクロを選んで［実行］ボタンを押すだけです。非常に簡単ですね。このようにマクロ機能は、

1. やってほしい作業ごとに1つのマクロとして記述
2. マクロ名を目印に選んで実行

という流れで活用していきます。
　なお、［マクロ］ダイアログのリストに表示される「マクロ名」は、マクロ作成時に「Sub マクロ名()」として記述した箇所のマクロ名がそのまま表示されます。
　あとでマクロとして実行する際、マクロ名がしっかりと用途に合った名前であると「ああ、この作業ね」とわかりやすくなります。内容がわかるマクロ名を付けておきましょう（P.78）。
　特に学習を始めたてのときやタイピングが苦手な方などは、マクロ名を「test」「macro1」「とりあえず」「m1」「m2」など、適当な名前にしてしまいがちです。すると、そのときはいいのですが、あとで「自分の実行したいマクロはどれ？」と探すのに苦労する羽目になります。注意しましょう。

> **ここもポイント｜マクロの実行方法はいろいろ用意されている**
>
> マクロの実行方法は、［マクロ］ダイアログ経由だけでなく、シート上のボタンに登録したり、ショートカットキーに登録したり、リボンにマクロ用ボタンを配置したりと、さまざまな方法が用意されています。詳しくは、P.292以降の各節を参照してください。

マクロの基本 / 基本

008 モジュール内での数値・文字・日付の書き方

図1：モジュール内での各種の値の記述方法

モジュール内で数値や文字列を記述するには

　モジュール内での数値や文字列は、ワークシート上で関数式を入力するのと同じルールで記述します。**数値はそのまま**「100」のように入力し、**文字列はダブルクォーテーションで囲み**、「"Excel"」のように入力します。

　時間や時刻を表す**日付値**を扱う場合には、ちょっと特殊な記述方法をします。「2024年6月5日」の日付値を扱いたい場合には「#2024/6/5#」のように**「#（シャープ）」で囲った形で入力**します。

表1：数値・文字列・日付値の書き方

種類	説明
数値	数値をそのまま記述 「10」「100」「3.14」など。桁区切りの記号などは使用しない
文字列	「"　"（ダブルクォーテーション）」で囲んで記述 「"Excel"」「"山田　太郎"」など
日付値	「#　#（シャープ）」で囲んで記述 「#2024/6/5#」は、2024年6月5日を表すシリアル値として扱われる。入力された日付値は、自動的に「#月/日/年#」の形式に変換される

　ちなみに、日付値は入力後に自動的に「月・日・年」の順番で表記する、いわゆる「アメリカ式」の表記に自動変換されます。例えば「#2024/6/5#」とキーボードで入力し、Enterキーで確定すると、「#6/5/2024#」という表

記になります。「何か変なことしちゃった？」と心配しなくても大丈夫です。そういう仕組みなのです。

日付は「シリアル値」として管理される

入力した日付や時刻の値は、「**シリアル値**」として扱われます。マクロでのシリアル値は、1899年12月30日を「0」とし、以降1日経過するごとに「1」ずつ増加するルールになっています。

「1」は「1899年12月31日」。「1.5」は、「1899年12月31日　12時00分」となります。逆に考えると、「2025年1月1日」は、「45658」です。Excelの内部では、日付値はこのように管理・計算しているのですが、「45658」と言われても私たちにはわかりにくいですよね。そこで、入力時は、「#」で囲って普段利用している日付の形式で入力すれば、Excelがシリアル値に自動変換してくれる仕組みになっている、というわけです。

> ここもポイント ｜ **VBEのフォント設定の変更方法**
>
> VBEのコードが「小さすぎて見にくい」という場合は、フォント設定を変更してみましょう。VBEのフォント設定は、［ツール］－［オプション］－［エディターの設定］タブ内で変更できます。
>
> ### 図2：VBEのフォントの設定変更
>
>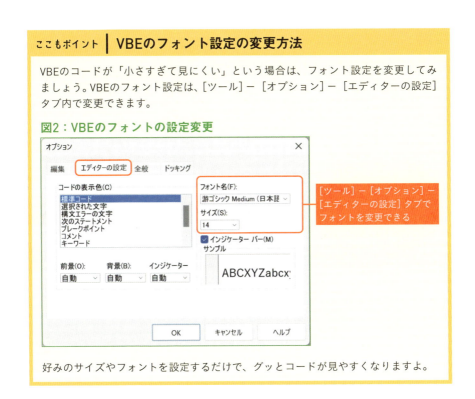
>
> ［ツール］－［オプション］－［エディターの設定］タブでフォントを変更できる
>
> 好みのサイズやフォントを設定するだけで、グッとコードが見やすくなりますよ。

マクロの基本　　　　　　　　　　　　　　　　　　　　　基本

009 マクロを含むブックを保存する

　マクロを含むブックを保存するには、通常のブック形式（*.xlsx）とは異なる「**マクロ有効ブック形式（*.xlsm）**」で保存する必要があります。

◢ xlsm形式で保存しよう

　マクロを含むブックは、セキュリティの観点から「このブックはマクロを含んでいますよ」とわかりやすくするために、通常のExcelブックとは異なる形式で保存する必要があります。このブックの形式を「マクロ有効ブック形式（*.xlsm）」と呼びます。

　マクロ有効ブック形式でブックを保存するには、［ファイル］－［名前を付けて保存］をクリックしたときに、**ファイル形式を指定するドロップダウンリストから「Excel マクロ有効ブック（*.xlsm）」を選択して保存**します。

図1：マクロを含むブックを保存

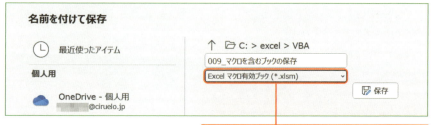

ファイル形式に「Excelマクロ有効ブック（*.xlsm）」を選択して保存

ここもポイント　既存のブックにマクロを追加した場合は？

既存のブック（*.xlsx）にマクロを追加した場合には、あらためてxlsm形式で保存し直す必要があります。「集計用.xlsx」にマクロを追加した場合には「集計用.xlsm」のように保存し直すわけです。
既存のブックを別形式で保存したくない場合には、マクロを別のブックに作成し、「マクロを作成したブックから、マクロで操作したいブックを操作する」方法にすればOKです。

マクロ有効ブックはアイコンや拡張子が変化する

　マクロ有効ブック形式で保存したブックのアイコンは、通常のExcelブック形式とは少し異なり「！」マークが付いた状態となります。「マクロを含んだブックである」ということがひと目でわかりますね。

図2：通常ブックのアイコンとマクロを含むブックのアイコン

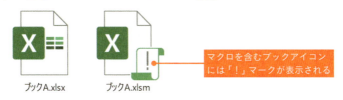

マクロを含むブックアイコンには「！」マークが表示される

　また、拡張子も異なります。通常のブックが「*.xlsx」であるのに対し、マクロ有効ブック形式のファイルは「*.xlsm」と、末尾が「x」から「m」に変わっています。

　自分でマクロを作成した場合には特に混乱することなく利用できるかと思いますが、普段マクロを含むブックを使ってない人にそのブックを渡した場合「このアイコンは何？　怖い」と、疑問や恐怖感を与えてしまう場合があります。そのため、利用者に対してあらかじめ上記のような説明をしておくと、スムーズに活用してもらえるでしょう。

　ちなみに、マクロが含まれているブックを「Excelブック（*.xlsx）」形式で保存すると、そのブックに作成していたマクロはすべて削除されてしまいます。保存前に、「マクロは保存されないが問題ないか」を確認する警告も表示されるので、警告が表示されたときは、本当にこのまま保存していいのか、よく確認しましょう。

図3：マクロが保存されないことを警告するアラート

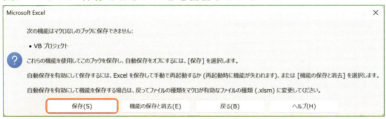

マクロを含むブックを通常のブック形式で保存しようとしたときに表示される警告。[保存]ボタンを選択した状態で Enter キーを連打しているとマクロが破棄される事故となることも。

マクロの基本　　　　　　　　　　　　　　　　　　　基本

010 マクロを含むブックを開く

🔲 セキュリティの警告メッセージが表示された場合

　P.15で学習したように、セキュリティの設定を「警告して、VBAマクロを無効にする」に設定していると、**マクロを含むブックを開く際、うっかり悪意のあるマクロが実行されないよう、確認メッセージが表示されます**。これは、意図していないマクロが実行されないように、一時的にマクロの実行を制限している状態です。

図1：最初はマクロが無効化される

　上図のような確認メッセージが表示された場合、自分で作成したブックや、出所が確かな安全なブックであれば、**［コンテンツの有効化］ボタンをクリック**すると、マクロが利用できるようになります。

図2：VBEを開いている場合の確認ダイアログ

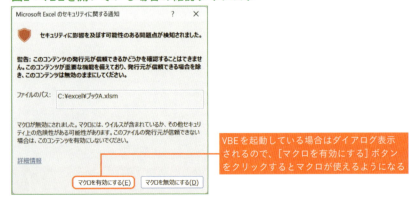

なお、ブックを開くときにVBEが起動している場合、この確認は専用ダイアログで行われます。図2のようなダイアログが表示された場合、安全なマクロだとわかっている場合には、[マクロを有効にする] ボタンを押してマクロを利用しましょう。

保護ビューが表示された場合

ダウンロードしたサンプルには、もう一種類のセキュリティ制限、通称「Webのマーク」「Mark of the Web (**MOTW**)」制限がかかっており、「保護ビュー」や「セキュリティリスク」バーが表示される場合があります。

図3：MOTWが付いているブック開いたときの表示の一例

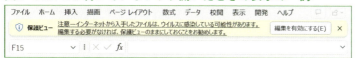

この制限は、Excelの画面からではなく、[（ファイル名）プロパティ] ダイアログから解除します。ダウンロードしたブックのアイコンを右クリックして、[プロパティ] をクリックし、[ファイルのプロパティ] ダイアログが表示されたら、[全般] タブの [許可する] にチェックマークを付けて [OK] ボタンをクリックすると、MOTWを解除できます。

図4：MOTWマークの解除

MOTWの制限は、Excelブックに限らず、WordのドキュメントやPowerPointのプレゼンテーションなどにも共通する制限となっています。「マクロが実行できない」という場合には、本節で解説した2つのセキュリティ制限をチェック・解除して活用しましょう。

マクロの基本　　　　　　　　　　　　　　　　　　　　　　　　基本

011 | マクロの実行を中断する

　マクロを作成・実行していると、「思っていたのと違うところが処理される」「延々と処理が終わらない」など、想定と異なることが度々あります。こういうときのために、マクロの実行を中断する方法を押さえておきましょう。

エラーが起きたときはリセットする

　ステップ実行中のマクロ（P.90）や、エラーメッセージが表示された場合など、マクロの一部が黄色くハイライト表示されて、一時停止状態になったマクロの実行を中断するには、ツールバーの**［リセット］ボタン**をクリックします。

図1：［リセット］ボタンでマクロの実行を中断

❶ マクロの実行を中断したい場合には、［リセット］ボタンを押す

　なお、マクロは1行ずつ、上から順番に実行されるため、エラーなどにより実行途中のマクロを［リセット］ボタンで中断した場合には、その場所より上の行に記述されたプログラムは、すでに実行されている点に注意しましょう（P.87）。

ここもポイント｜［デバッグ］ツールバーを利用しよう

［表示］－［ツールバー］－［デバッグ］から表示できる［デバッグ］ツールバーには、マクロの実行・中断・ステップ実行など、マクロの実行と編集に便利な機能がまとめられています。

各種確認時に便利な［デバッグ］ツールバー

Chapter 2

知っておきたい マクロの基本ルール

本章では、Excelでマクロを記述する際の基本的なルールをご紹介します。

マクロは、Excelに処理してほしい内容をプログラムのテキストとして実行させるための仕組みですが、その指示の仕方には、「こういうふうに指示してくださいね」という共通ルールが決められています。

まずはその共通ルールを押さえておきましょう。そうでないと、すべてを丸暗記することになってしまいます。最初にルールを覚えておくことで、「あのルールに沿っているからこう指示するんだな」と覚えやすくなります。

また、AIにマクロを作成させたり、自分以外の人が作成したマクロを読んだりする場合にも、基本ルールを押さえておくと、内容を理解しやすく、自分のマクロに応用しやすくなります。

それでは、見ていきましょう。

オブジェクトと命令　　　　　　　　　　　　　　　　基本

012 命令は「オブジェクト」の仕組みを使って指定する

図1：Excelの各機能はいろいろな「オブジェクト」にまとめられている

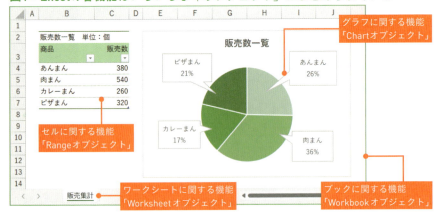

命令を実行する対象を指定するには、「オブジェクト」を指定する

　マクロのコードは、自分で書くときも、既存サンプルやAIが書いてくれたコードを読むときも、マクロの「ルール」、つまり基本文法を知っていると、格段に作業効率が上がります。そこで、ざっとルールを覚えていきましょう。

　マクロのコードは「**VBA（Visual Basic for Applications）**」というルールで記述します。いわゆる「ブイビーエー」です。VBAでは多くの場合、「①操作対象（機能）を指定して」「②操作の種類を指定する」という2手順でコードが記述できるようになっています。この2手順は、「**オブジェクト**」という仕組みを使って記述します。

　各操作対象は、それぞれ個別の「オブジェクト」として整理されています。例えば、セルを操作する際には「Rangeオブジェクト」、ワークシートを操作したい場合には「Worksheetオブジェクト」、ブックを操作したい場合には「Workbookオブジェクト」を通じて指定できるようになっています。

　オブジェクトを指定したら、オブジェクトごとに決められている「行える設定（プロパティ→ P.38）」や「実行できる操作（メソッド→ P.40）」を記述して、希望の設定や命令を行います。

つまり、VBAで命令を行うには、まず、「操作したい対象は何オブジェクトなのか」を指定し、さらに「実行したい設定・命令は何プロパティ、あるいは何メソッドなのか」を指定するという形で記述していくわけですね。

表1：よく使うオブジェクトの例

オブジェクト	対象や用途
Rangeオブジェクト	セルに対する設定や操作を実行
Worksheetオブジェクト	ワークシートに対する設定や操作を実行
Workbookオブジェクト	ブックに対する設定や操作を実行

オブジェクトを使ったセル操作の例

実際にオブジェクトの仕組みを使ったコードは次のようになります。オブジェクトを指定して、ドットを記述し、そのあとにそのオブジェクトに対する設定や命令を記述していきます。日本語で言うところの「何を、どうする」という書き方に近いですね。

図2：オブジェクトの仕組みを使った設定変更の例（値を入力）

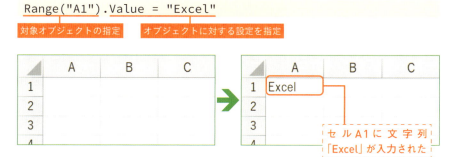

図3：オブジェクトの仕組みを使った命令実行の例（シートを削除）

オブジェクトと命令　　　　　　　　　　　　　　　　　　　　　基本

013 | オブジェクトの指定に便利な「コレクション」

図1：オブジェクトはコレクション経由の指定が便利

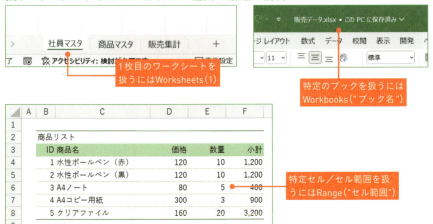

具体的なオブジェクトは「コレクション」経由で指定する

　オブジェクトを命令対象として指定するには、「**コレクション**」の仕組みを利用するのが便利です。**コレクションは、同じ種類のオブジェクトをまとめて管理する仕組み**であり、**「オブジェクト名＋複数形の"s"」という名前で定義**されています。

　ワークシート全体であれば「Worksheetsコレクション」、ブック全体であれば「Workbooksコレクション」です。このコレクション名に続いてカッコ「()」を記述し、その中にインデックス番号やオブジェクト名を指定すると、具体的なオブジェクトを指定できます。「1枚目のワークシート」であれば「Worksheets(1)」、「2つ目に開いたブック」であれば「Workbooks(2)」といった具合です。

　セルの場合は少し特殊で、コレクションの仕組みはありません。もともと「Rangeオブジェクト」は、その名の通り、"セル範囲（Range）"を扱う仕組みとなっているので、そのまま「Range」に続けてカッコを記述し、その中にセルやセル範囲を指定するアドレス文字列を指定します。

表1：よく利用するオブジェクトの指定例

対象	コレクション	指定例
ワークシートの指定 (Worksheet)	Worksheets	「1枚目のワークシート」を指定 Worksheets (1) 「Sheet1」を指定 Worksheets ("Sheet1")
ブックの指定 (Workbook)	Workbooks	「最初に開いたブック」を指定 Workbooks (1) 「Book1.xlsx」を指定 Workbooks ("Book1.xlsx")
セルの指定 (Range)	Range	セルA1を指定 Range ("A1") セル範囲A1:C10を指定 Range ("A1:C10")

番号は基本的に「追加した順番」と「並び順」で決まる

　コレクション内のインデックス番号は、基本的には「追加順」「並び順」によって決まります。ワークシートであれば、いちばん左のシートがインデックス番号「1」となり、以降、右にあるシートに連番が振られます。ブックの場合は、最初に開いたブックがインデックス番号「1」となり、以降開いた順番に連番が振られます。

　なお、シートのように並び順を変更できるオブジェクトは、それに応じてコレクション内のインデックス番号も新たに「いちばん左が『1』」というようなルールで振り直されます。

ここもポイント ｜ 正確には「コレクションを取得するプロパティ」という仕組み

　「Worksheets(1)」は、正確には「Worksheetsコレクションを取得するためのWorksheetsプロパティを利用したコード」となります。そのため、解説書によっては、「Worksheetsプロパティを利用したオブジェクトの指定」というような解説をしている場合もあります。
　少々混乱する仕組みですが、「コレクション名（インデックス番号もしくはオブジェクト名）で、具体的なオブジェクトを指定できる」というように覚えておくとよいでしょう。

オブジェクトと命令　　　　　　　　　　　　　　　　　　　　　　基本

014 オブジェクトの状態を管理する「プロパティ」

図1：オブジェクトの状態は「プロパティ」で管理されている

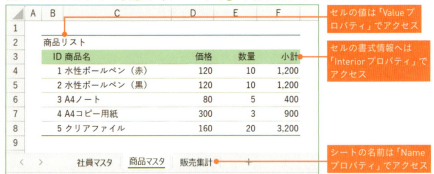

個別のオブジェクトの「状態」を取得／設定するプロパティ

　セルの値や書式、シートの名前など個別のオブジェクトごとに異なる「状態」や「設定」を取得したり、変更したりするには、**プロパティ**という仕組みを利用します。

　プロパティは、「**オブジェクト．（ドット）プロパティ名**」という形式でアクセスします。例えば、セルの「値」は、個別のセルごとに「Valueプロパティ」で管理されています。「セルA1」の「値」へアクセスするには、「Range("A1")」で個別のオブジェクトを指定した上で、ドットを入力し、続けてプロパティ名である「Value」を記述する形でコードを記述します。

セルA1の値を取り出す
```
Range("A1").Value
```

　また、**値を設定／変更できる項目の場合は、プロパティ名に続けて、さらに「＝値」と記述**することで、新しい値を設定できます。例えば、セルA1の値を「Excel」に変更するには、次のようにコードを記述します。

セルA1の値を設定（入力）
```
Range("A1").Value = "Excel"
```

Rangeオブジェクトのプロパティの例

オブジェクトのプロパティを操作する書き方は以下の2種類しかありません。あとは、扱うオブジェクトとプロパティの組み合わせが変わるだけです。

プロパティへアクセスする構文
オブジェクト.プロパティ

プロパティ経由で新しい値を設定する構文
オブジェクト.プロパティ ＝ 新しい値

最もよく使うRangeオブジェクトで、いくつかのプロパティを利用するコードの例を見てみましょう。まずはニュアンスをつかみ、実際にコードを書いて使い方を体験してみましょう。

表1：Rangeオブジェクトのプロパティの利用例

扱う対象	プロパティ	例
値	Value	セルA1の値を変更 Range("A1").Value = 100
幅	Width	セル範囲A1:A10の幅を取得 Range("A1:A10").Width
行の高さ	RowHeight	セルA1の行の高さを変更 Range("A1").RowHeight = 30
フォントを扱うオブジェクト	Font	セル範囲A1:A10のフォントを「MSゴシック」に変更 Range("A1:A10").Font.Name = "ＭＳ ゴシック"
書式を扱うオブジェクト	Interior	セルA1の背景色を赤に設定 Range("A1").Interior.Color = rgbRed

なお、プロパティの中には、「そのオブジェクトに関連する、別のオブジェクトへアクセスするためのプロパティ」も用意されています。例えば、表1の「Range("A1:A10").Font.Name = "ＭＳゴシック"」というコードは、Rangeオブジェクトの「Fontプロパティ」を使って、「そのセルのフォントを管理している『Fontオブジェクト』へアクセス」しています。

さらにそこから続けて「.Name」と記述することで、「フォント名を管理するFontオブジェクトのNameプロパティ」へと踏み込んで値を変更しています。このように、関連するオブジェクトを操作したい場合も、段階を踏んで対応するプロパティを利用して指定していきます。

オブジェクトと命令　　　　　　　　　　　　　　　　　　　　　基本

015 | オブジェクトの機能を実行する「メソッド」

図1：オブジェクトに対して行える命令は「メソッド」で管理されている

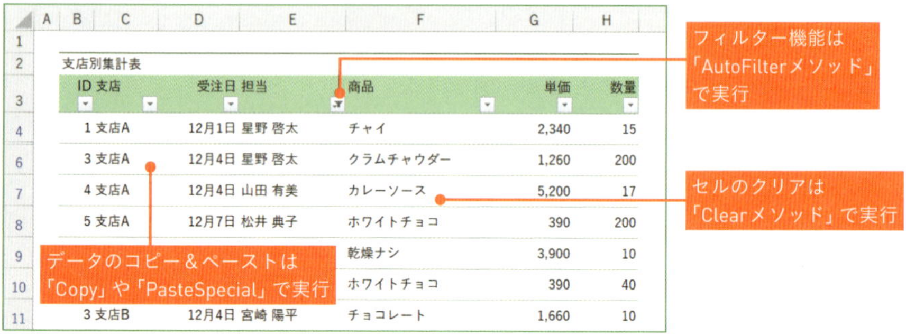

- フィルター機能は「AutoFilterメソッド」で実行
- セルのクリアは「Clearメソッド」で実行
- データのコピー＆ペーストは「Copy」や「PasteSpecial」で実行

■ オブジェクトに命令を実行する「メソッド」

　セルに対してフィルターをかけたり、並べ替えを行ったり、値や書式をクリアしたりといった、個別のオブジェクトに対する「機能の利用・操作」は「**メソッド**」という仕組みを利用します。

　メソッドは、「**オブジェクト．（ドット）メソッド名**」という形式で実行します。例えば、セルに対する「すべてクリア」の操作は、「Clearメソッド」に割り当てられています。

　「セルA1を『すべてクリア』したい」場合には、「Range("A1")」で個別のオブジェクトを指定した上でドットを入力し、続けてメソッド名である「Clear」を記述します。

ClearメソッドでセルA1の内容をクリアする
```
Range("A1").Clear
```

　ちなみに、「数式と値のクリア」操作（Deleteキーを押したときの操作）は、「ClearContentsメソッド」で実行できます。この場合には次のようにコードを記述します。

ClearContentsメソッドでセルA1の値だけクリアする
```
Range("A1").ClearContents
```

オブジェクトを指定し、そのオブジェクトに対して実行したい機能に対応するメソッド名を書いていけばいいわけですね。

Rangeオブジェクトのメソッドの例

Rangeオブジェクトを例に、どのようなメソッドが用意されているか見てみましょう。メソッドは次のように2つの書き方ができます。

メソッドを実行する構文
オブジェクト.メソッド

オプション付きでメソッドを実行する構文
オブジェクト.メソッド 引数名:=引数

表1：Rangeオブジェクトのメソッドの利用例

実行する機能	メソッド	例
すべてクリア	Clear	セルA1をすべてクリア Range("A1").Clear
数式と値のクリア	ClearContents	セル範囲A1:A10の数式と値をクリア Range("A1:A10").ClearContents
コピー	Copy	セル範囲B10:D20をコピー Range("B10:D20").Copy
貼り付け	PasteSpecial	セルA1を起点に貼り付け Range("A1").PasteSpecial
フィルター	AutoFilter	セル範囲B2:K30に対して「4列目の『星野』を抽出」という条件でフィルター Range("B2:K30").AutoFilter _ Field:=4, Criteria1:="星野"

メソッドで実行する機能がオプションを持つ場合には、機能のオプションの種類を、メソッドの「**引数（ひきすう）**」という仕組みを利用して指定できるようになっています。

例えば、表1「Range("B2:K30").AutoFilter Field:=4, Criteria1:="星野"」というコードは（表1内の「_ （半角スペース＋アンダーバー）」についてはP.117参照）、セル範囲B2:K30にフィルターをかける「AutoFilterメソッド」を、「4」列目の値が「星野」というオプションの条件を指定して実行します。引数の詳しい使い方は、P.42を参照してください。

オブジェクトと命令 基本

016 機能のオプションを指定する「引数」

図1：各機能のオプション項目は「引数」で指定できる

セルの削除機能には、「左方向にシフト」「上方向にシフト」というオプションが用意されている。どのオプションで実行するかは「引数」で指定できる

引数はオプション項目名と値をセットで指定する

　Excelの機能の多くは、細かな設定をオプション項目で設定できるようになっています。例えば、セルの削除機能には、「セルを削除後に左に詰めるか、上に詰めるか」を指定できるオプションが用意されていますし、フィルター機能には、「何番目の列を、どのようなルールで抽出するのか」を指定できるオプションが用意されています。

　マクロでこのオプションを指定するには、プロパティやメソッドを呼び出すときに、必要な情報を「**引数**」の仕組みで指定します。

　引数は、メソッド名などに続けてスペースを1つ入れ、「引数名:=値」の形式で、**オプションの種類を指定する「引数名」と、その設定値を「:=（コロン・イコール）」でつないで記述**します。

　例えば、セルA1を削除する際に「左方向にシフト」オプションを指定して実行したい場合には、次のようにコードを記述します。

削除時に「左方向にシフト」を引数で設定
```
Range("A1").Delete Shift:=xlToLeft
```

引数を利用できるメソッドの例

引数の数や名前はメソッドなどにより異なります。例えば、Deleteメソッドの引数は1つ、AutoFilterメソッドの引数は複数です。複数の引数を持つ場合、個々の引数と値の設定を、カンマで区切って列記する形で指定します。

複数の引数を持つ場合の構文
オブジェクト.メソッド 引数名1:=値1, 引数名2:=値2 …

表1：DeleteメソッドとAutoFilterメソッドに用意されている引数の例

機能	メソッド	引数	意味
削除	Delete	Shift	削除後のシフト方向
フィルター	AutoFilter	Field	抽出対象の列番号
		Criteria1	抽出条件となる値や式
		Operator	2つの条件式をAND条件とするかOR条件とするかの設定
		Criteria2	2つ目の抽出条件となる値や式
		VisibleDropDown	フィルターの矢印の表示方法

AutoFilterメソッドの引数の指定例
Range("B2:K30").AutoFilter Field:=5, Criteria1:="佐々木"

また、引数の中には、既定の設定（特にオプションを指定せずに実行した場合の動作）で実行する、という仕組みを持つものも多くあります。上記のAutoFilterメソッドも、複数の引数が用意されていますが、使っているのは引数「Field」「Criteria1」だけです。「指定したいものだけ指定できる」仕組みが用意されているわけですね。

> **ここもポイント｜引数名を省略することも可能**
>
> 実は引数名を指定せず、値のみを順番に記述する形でもコードは記述できます。例えば、「Range(B2:K30).AutoFilter 5, "佐々木"」と記述しても、「5列目の値が"佐々木"」というオプションでフィルターをかけることができます。ワークシート関数に引数を指定するときと同じような書き方ですね。
> この記述方法は、タイピングする文字数が減らせるので書くときには楽なのですが、どのオプションを利用しているかわかりにくいという大きなデメリットがあります。できるだけ引数名を指定して記述することをおすすめします。

オブジェクトと命令　基本

017 選択式のオプション設定を指定する「組み込み定数」

図1：複数のオプションから選択するタイプの機能

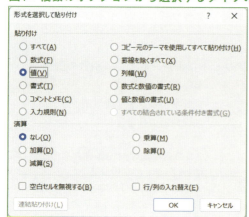

[形式を選択して貼り付け]機能のオプションダイアログ
いろいろな貼り付けオプションが用意されているが、個々の項目に対応する「組み込み定数」が決められている

■ 選択式のオプション項目は「組み込み定数」で指定する

　各種機能に、複数用意されているオプション項目から1つを選ぶシーンはよくあります。例えば、任意のセルをコピーしたあとに、リボンの［ホーム］-［貼り付け］-［形式を選択して貼り付け］で利用できる［形式を選択して貼り付け］機能には、図1のようにたくさんのオプションが用意されています。

　このオプションのうち、どれを利用するのかを指定するには、個々のオプションごとに割り当てられた**「組み込み定数」**という仕組みを利用します。

　例えば、［形式を選択して貼り付け］機能を実行する「PasteSpecialメソッド」では、貼り付けオプションを引数「Paste」で指定しますが、「値のみ貼り付け」オプションを指定したい場合には、対応する組み込み定数である「xlPasteValues」を指定します。

組み込み定数を使って「値のみ貼り付け」オプションで実行
```
Range("A1").PasteSpecial Paste:=xlPasteValues
```

このように、**引数名と希望のオプションに対応する組み込み定数をセットで記述**することで、選択式のオプションを指定して操作を実行できます。

引数として定数を利用するメソッドの例

PasteSpecialメソッドを例に、引数と定数の指定の仕方を見てみましょう。貼り付けの方法は引数「Paste」、演算方法は引数「Operation」を指定し、具体的なオプションの種類は、「xlPasteAll」「xlPasteSpecialOperationAdd」などの組み込み定数で指定します。

表1：PasteSpecialメソッドのオプションと定数（一部抜粋）

分類	引数	オプション	対応する組み込み定数
貼り付け	Paste	すべて	xlPasteAll
		数式	xlPasteFormulas
		値	xlPasteValues
		書式	xlPasteFormats
演算	Operation	加算	xlPasteSpecialOperationAdd
		減算	xlPasteSpecialOperationSubtract

貼り付け方法のみを指定するときは以下のようにコードを記述します。

「値」のみ貼り付けオプションを指定して［形式を選択して貼り付け］
```
Range("A1").PasteSpecial Paste:=xlPasteValues
```

貼り付け方法と演算方法の2つを指定するときは以下のようになります。

「値」のみを「加算」するオプションを指定して［形式を選択して貼り付け］
```
Range("A1").PasteSpecial _
            Paste:=xlPasteValues, _
            Operation:=xlPasteSpecialOperationAdd
```

ここもポイント｜組み込み定数の多くは「xl」や「vb」から始まる

組み込み定数の多くは、「xl○○」や「vb○○」のように、「xl」や「vb」から始まる値となっています。これは「Excel」や「Visual Basic」から取った接頭辞と思われます。マクロ内でこの単語を見つけたら、「この部分は、オプション項目を指定しているんだな」と見当が付くわけですね。内容の理解やカスタマイズする際のヒントになるでしょう。

オブジェクトと命令　　　　　　　　　　　　　　　　　基本

018 | オブジェクトは階層構造を使っても指定できる

図1：階層構造を使って操作対象を指定する

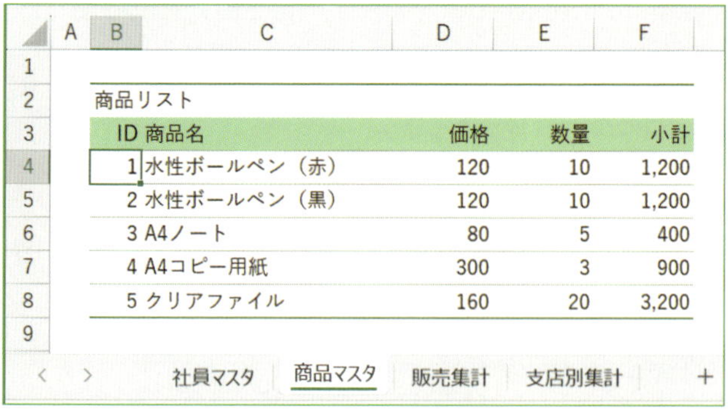

	A	B	C	D	E	F
1						
2		商品リスト				
3		ID	商品名	価格	数量	小計
4		1	水性ボールペン（赤）	120	10	1,200
5		2	水性ボールペン（黒）	120	10	1,200
6		3	A4ノート	80	5	400
7		4	A4コピー用紙	300	3	900
8		5	クリアファイル	160	20	3,200
9						

社員マスタ　商品マスタ　販売集計　支店別集計

「Range ("A1")」は、どのシート上のセルA1？

セルA1を操作対象として指定するには、次のようにコードを記述します。

セルA1を操作対象に指定する
```
Range("A1")
```

しかし、複数のブックがある場合、あるいは、複数のシートがある場合、「どのブックの」「どのシートの」セルA1が操作対象になるのでしょうか。答えは、現在アクティブなブックのアクティブなシート上のセルA1です。簡単に言うと、「現在画面に表示されているセルA1」が対象になります。

一方で、きっちりと「どのブックの」「どのシート上の」セルA1を操作対象に指定したい場合には、**起点となるオブジェクトから、ドットでつないで下の階層のオブジェクトを指定する**スタイルが利用できます。

例えば、次のコードは、「商品.xlsx」ブック内の「商品マスタ」シート上の「セルB4」を指定します。

商品.xlsx→「商品マスタ」シート→セルB4とたどって指定
```
Workbooks("商品.xlsx").Worksheets("商品マスタ").Range("B4")
```

アクティブでないシートのセルを操作してみよう

　実際にマクロを書いて確かめてみましょう。VBEに次のコードを記述し、1枚目のシートを表示した状態で実行してください。2枚目のシートのセルA1に「Excel」という文字が入力されているはずです。

2枚目のシートのセルA1を操作対象に指定する

```
01  Sub 階層構造を使ったマクロ_1
02      Worksheets(2).Range("A1").Value = "Excel"
03  End Sub
```

図2：2枚目のシートのセルA1を操作対象にする

❶ 1枚目のシートがアクティブな状態で、上記のマクロを実行する

アクティブなシートがどこであるかに関わらず、「2枚目のシート上のセルA1」を操作対象に指定できた

　また、複数のブックを開いている場合には、「対象ブック.対象シート.対象セル」と、階層ごとにドットを入力しての指定も可能です。

「2番目に開いたブック」の「1枚目のシート」の「セルA1」を操作対象に指定する

```
01  Sub 階層構造を使ったマクロ_2
02      Workbooks(2).Worksheets(1).Range("A1").Value = "Excel"
03  End Sub
```

　このように、階層構造を使って記述すると、対象が「目の前の画面」に表示されていなくても、操作対象として指定することが可能です。マクロを記述したブックとは別のブックの操作をしたい場合などに、知っておくと便利な指定方法ですね。

演算子と変数　　　　　　　　　　　　　　　　　　　　　基本

019 | VBAで計算を行うときに使用する記号（演算子）

図1：コード内で計算する際に利用する演算子

計算の種類	演算子	式の例	結果
加算	+	10 + 5	15
減算	-	10 - 5	5
乗算	*	10 * 5	50
除算	/	10 / 5	2
商	¥	10 ¥ 3	3
剰余	Mod	10 Mod 3	1

各種計算は対応する「演算子」を使って計算する

計算の仕方は数式とほぼ同じ

　VBAのコード内での計算（演算）は、「**演算子**」という記号で行います。たし算、ひき算などの四則演算はワークシート上での計算と同じように、それぞれ「+」「-」「*」「/」を利用します。商（除算した場合の整数の部分）を求める場合は「¥」を利用し、剰余（除算の余り）を求める場合には、「Mod」を利用します。

表1：演算の種類と対応する演算子

計算の種類	演算子	式の例	結果
加算	+	10 + 5	15
減算	-	10 - 5	5
乗算	*	10 * 5	50
除算	/	10 / 5	2
商	¥	10 ¥ 3	3
剰余	Mod	10 Mod 3	1

　また、計算とは違うのですが、文字列を連結する場合には「&」演算子を利用します。「"Excel" & "VBA"」という式は、「ExcelVBA」という文字列を返します。

演算をしてみよう

実際に演算子を使ったコードを試してみましょう。次のマクロを実行すると、各種演算子で計算した結果をセル範囲C3:C9へと入力します。

演算結果をセルに入力

```
01  Sub 演算子を使う()
02      Range("C3").Value = 10 + 5
03      Range("C4").Value = 10 - 5
04      Range("C5").Value = 10 * 5
05      Range("C6").Value = 10 / 5
06      Range("C7").Value = 10 ¥ 3
07      Range("C8").Value = 10 Mod 3
08      Range("C9").Value = "Excel" & "VBA"
09  End Sub
```

図2：演算子を使った計算結果

	A	B	C
1			
2		式の例	結果
3		10 + 5	
4		10 - 5	
5		10 * 5	
6		10 / 5	
7		10 ¥ 3	
8		10 Mod 3	
9		"Excel" & "VBA"	
10			

	A	B	C
1			
2		式の例	結果
3		10 + 5	15
4		10 - 5	5
5		10 * 5	50
6		10 / 5	2
7		10 ¥ 3	3
8		10 Mod 3	1
9		"Excel" & "VBA"	ExcelVBA
10			

演算子を使って対応する計算が実行できた

ここもポイント｜計算の優先順位はカッコで指定可能

2つ以上の演算子を使う場合には、その計算順序をカッコを使うことでコントロールできます。「1 + 2 * 3」は「7」になりますが、「(1 + 2) * 3」は1 + 2が先に計算されるため、9になります。ワークシート上の数式と同じ感覚で計算の優先順位を決められますね。

演算子と変数　　　　　　　　　　　　　　　　　　　　基本 便利

020 変数に値を「代入」する

図1：変数の仕組みのイメージ

「変数」は名前を付けられる値の入れ物

「ある商品を10個買うときの値段」を計算する場面を想像してみてください。シート上であれば、「セルA1に価格を入力」など、任意のセルに価格を入力するルールを決め、「=A1*10」のようにセルを参照する式で計算するでしょう。価格の異なる商品の計算をしたければ、セルA1の値をその都度修正するだけです。式のほうは変更する必要はありません。便利ですね。このときセルA1は、言ってみれば「計算に使いたい値の"入れ物"」になっています。

VBAにも、このような「入れ物」の考え方で利用できる「**変数**」という仕組みが用意されています。使い方を確認していきましょう。

変数を利用するには、まず「この名前を変数（入れ物）として使います」という「**宣言**」をします。この宣言は、「**Dimステートメント**」で行います。

Dimステートメントで変数を「宣言」
```
Dim 変数名
```

次に、変数で扱う値を指定します。変数名と値を「=（イコール）」でつないで記述しましょう。この式は、「変数と値が等しい」という意味ではなく、「以降、この変数はこの値として扱う」という意味になります。この、変数

で扱う値を設定することを「変数に値を**代入**する」と言います。

宣言した変数に値を代入
　変数名 ＝ 値

　そのあとで、数式内に変数名を記述すると、代入された値を計算に利用できます。さらに、流れの途中で別の値を再代入することも可能です。
　次のマクロは「price」という名前の変数を宣言し、「500」を代入後に変数を使った計算を行い、続いて「1000」を再代入後に同じ計算を行っています。

変数「price」を使ったマクロ

```
01  Sub 変数を使う()
02      Dim price                           '変数priceを宣言
03      price = 500                         '「500」を代入
04      Range("C2").Value = price * 10      '変数を使って計算①
05      price = 1000                        '「1000」を再代入
06      Range("C3").Value = price * 10      '変数を使って計算②
07  End Sub
```

図2：変数を使った計算結果の確認

	A	B	C	D
1				
2		最初の代入後の計算結果	5,000	
3		再代入後の計算結果	10,000	
4				

同じ「price * 10」という計算式だが、変数に代入されている値が異なるため、結果も異なる

　①と②の箇所は、同じ「price * 10」という計算を行っているのに、変数に代入されている値が異なるため、違う結果になっていますね。
　単に「500 * 10」、「1000 * 10」のようにコードを記述するよりも「価格」を意味する「price」という名前で計算を行っているため、「価格に10をかけているんだな」というように、計算の意図がくみとりやすくなります。
　このように、変数を使うと、計算の過程を整理整頓できます。複雑なマクロを作る際に非常に強力な味方になってくれる仕組みなのです。

> **ここもポイント　現在の値を基に更新する**
>
> 「price = price + 500」のように、代入する値に同じ変数を使用した計算を行うと「変数の値を、元の値に500加算した値に更新する」という意味になります。現在の値を基に新しい値を計算して更新したい際によく使われる方法です。値を更新する際に活用していきましょう。

演算子と変数　　　　　　　　　　　　　　　　　　　　基本　便利

021 変数にオブジェクトを代入する

図1：変数にオブジェクトを代入するイメージ

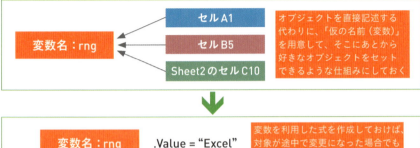

「Set」ステートメントで変数にオブジェクトを「セット」

変数にはセルやワークシートなどのオブジェクトを代入して扱うこともできます。オブジェクトを代入するには、「**Setステートメント**」を利用します。

Setステートメントで変数にオブジェクトを代入

```
Dim 変数名
Set 変数名 = オブジェクト
```

オブジェクトを代入した変数（オブジェクト変数）は、変数を通じて代入したオブジェクトのプロパティやメソッドを利用できます。例えば、セルを扱うRangeオブジェクトをセットした変数は、変数を通じてValueプロパティやAutoFilterメソッドなどを利用できます。

変数を通じてRangeオブジェクトを操作

```
Set 変数名 = Range("A1")            '変数にセルA1をセット
変数名.Value = "Excel"              'セルA1のValueプロパティを利用
Set 変数名 = Range("A1:C10")        '変数にセル範囲A1:C10をセット
変数名.AutoFilter 2, "東京"         'セル範囲にフィルターをかける
```

■ オブジェクトの指定を変数で簡略化する

　オブジェクト変数は、階層構造を利用したオブジェクトの指定のような長いコードの整理にも役立ちます。例えば、次の3行のコードはすべて「2枚目のシートのセルA1」を操作の対象としています。

オブジェクトを1回1回指定して操作するコード
```
Worksheets(2).Range("A1").Value = "エクセル"
Worksheets(2).Range("A1").Font.Name = "ＭＳ ゴシック"
Worksheets(2).Range("A1").Interior.Color = rgbRed
```

　これをオブジェクト変数を利用して整理すると、次のようになります。

オブジェクトを変数に代入して操作するコード
```
Dim rng '変数の宣言
Set rng = Worksheets(2).Range("A1") '操作対象のセット
'以降、変数を通じて操作
rng.Value = "エクセル"
rng.Font.Name = "ＭＳ ゴシック"
rng.Interior.Color = rgbRed
```

　全体として2行コードが増えましたが、「Worksheets(2).Range("A1")」と、操作対象を記述する箇所は、3カ所から1カ所にまとめられました。コード自体も整理整頓され、すっきりしましたね。
　また、シート上で作表し直した場合や、操作したいセル位置が変更になった場合にも、最初のコードでは3カ所すべてを変更しなくてはいけませんが、修正後のコードでは1カ所を変更するのみでOKです。
　変数を使って、うまくオブジェクトに対する操作を整理しながらコードを作成していきましょう。

ここもポイント｜Withステートメントを利用した記述方法もある

「同じオブジェクトを対象にした処理をまとめる」には、「Withステートメント」を使用する方法もあります。「With 対象オブジェクト」として操作の対象を記述すると、その次の行から「End With」と記述した行の間には、「.プロパティ」「.メソッド」と、ドットから始まるコードを記述できます。ドットから始まるコードは、最初に指定したオブジェクトに対する操作として実行されます。具体的なコードはサンプルを参照ください。

演算子と変数　　　　　　　　　　　　　　　　　　基本 便利

022 | 変数のデータ型

　VBAでは、変数を宣言する際に「**Asキーワード**」句を併用すると「データ型」を指定できます。データ型とは、「その変数でどんな種類の値を扱いたいのか」を指定する仕組みです。例えば次のコードは、変数「price」を「そこそこ大きい数値を扱える」データ型の「Long型」で宣言します。

```
Dim price As Long
```

　次のコードは、変数「price」に加え、さらに変数「rng」を、Rangeオブジェクトを扱う「Range型」で宣言します。

```
Dim price As Long, rng As Range
```

　このようにデータ型の仕組みで用途まで宣言しておくと、用途以外の値を代入しようとした際、「最初の宣言と違う使い方だけど大丈夫ですか？」というエラーメッセージが表示されるようになります。また、内部処理的にもデータ型を宣言しておいたほうが、処理速度も向上します。
　このデータ型の宣言は、VBAでは**「してもいいし、しなくてもいい」というルール**になっています。本書では、まずはVBAに慣れるためにデータ型を宣言していませんが、宣言したほうが、ミスに気付きやすくなり便利です。ゆくゆくは指定できるようにしていきましょう。

表1：ExcelVBAでよく使うデータ型（抜粋）

データ型	用途
String型	文字列
Integer型／Long型	整数値（Longのほうが広い範囲を扱える）
Single型／Double型	小数値（Doubleのほうが広い範囲を扱える）
Date型	日付値
Object型	汎用オブジェクト型
汎用オブジェクト型	RangeやWorksheetなど、特定のオブジェクト限定で扱いたい場合のデータ型
Variant型	「どんな用途にも扱える」データ型。データ型を宣言しない場合はこのVariant型で宣言したものとして扱う（なんでも代入できるが、チェックはされない）

Chapter
3

繰り返しと条件分岐の仕組みで便利さを一段とアップさせる

本章では、使えるようになるとマクロの便利さがワンランク上がる「繰り返し」と「条件分岐」の仕組みをご紹介します。
Excelマクロの基本ルールがわかったら、次に覚えておきたいのがこの仕組みです。繰り返し処理を覚えれば、100回の作業でも1000回の作業でもマクロに任せれば一瞬で終わります。
条件分岐の仕組みを使えば、普段私たちがその都度判断して切り替えて行っている作業も、自動で判断して行ってくれます。
単純な指示と比べると、少し難しい仕組みになりますが、効果は抜群です。
ここではどんなことがどんな仕組みでできるのかを見ておき、必要になったらチャレンジしてみましょう。
それでは、見ていきましょう。

繰り返し・条件分岐　　　　　　　　　　　　　　　　基本　タイパ

023 | 指定回数繰り返す仕組みを作る

図1：繰り返し処理のイメージ

カゴに毎回違う値を入れてコンベアーに流す

流れてきたカゴの値を使って毎回同じ作業を行う

繰り返し処理はタイパを上げる切り札

　プログラムを作成する際には、「**繰り返し処理**」（**ループ処理**とも言います）をうまく使うと、大量の作業が一気に片付きます。タイパを上げる切り札的な仕組みが、この繰り返し処理です。VBAでは、「**For Nextステートメント**」を利用すると、繰り返す回数を指定して繰り返し処理を作成できます。

For Nextステートメントの基本構文
```
For　カウンタ変数　=　開始値　To　終了値
　　　繰り返したい処理をここに記述
Next
```

　For Nextステートメントは、**カウンタ変数**に**開始値**と**終了値**を指定して、開始値から終了値までの回数分処理を実行する仕組みです。例えば、「1〜10までの回数分メッセージを表示したい」場合には、次のようになります。

For Nextステートメントで10回処理を実行
```
For i = 1 To 10
    MsgBox "Hello!"
Next
```

　「For」と「Next」に挟まれた部分が、開始値から終了値のまでの回数分

繰り返し実行されます。つまりは10回メッセージが表示されます。

このとき、完全に同じ処理を繰り返すだけでなく、処理の対象や内容を微調整したい場合には、カウンタ変数を利用します。**カウンタ変数は、1回ごとに値が1ずつ加算される**仕組みになっています。開始値が「1」、終了値が「10」であれば、1回目の処理のカウンタ変数の値は「1」、2回目の処理は「2」、以降、「10」になるまで繰り返します。この値を利用して、処理の対象や結果の値を微調整していきます。

実際に動きを見てみましょう。次のマクロは、カウンタ変数「rowoffset」を用意し、開始値「1」、終了値「5」で5回処理を繰り返します。

カウンタ変数の値を使って処理対象を微調整　　　　　3-23：繰り返し処理.xlsm

```
01  Sub カウンタ変数を利用()
02      Dim rowOffset
03      For rowOffset = 1 To 5
04          Range("B2").Offset(rowOffset).Value = rowOffset & "回目"
05      Next
06  End Sub
```

図2：カウンタ変数を使って処理対象を微調整した結果

処理ごとに変化するカウンタ変数を利用して、処理対象とするセルを切り替えながら値を入力できた

カウンタ変数「rowOffset」を宣言し、「1〜5」まで変化するように繰り返し処理を作成します。繰り返し処理の中では「基準セルから指定数だけ離れた位置のセルを指定する」仕組みである「Offsetプロパティ」を利用し、「セルB2から、rowOffsetの行数分だけ離れた位置のセル」を処理対象として値を書き込む処理が作成されています。

処理を実行すると、最初は「1」行下のセル、次は「2」行下、以降、「5」行下になるまで処理を繰り返します。便利ですね。開始値や終了値を変更すれば、100回だろうが1000回だろうが処理を繰り返し、あっという間に作業を終えられます。大量の作業をなんとかしたい、という場合には、押さえておくと便利な仕組みなのです。

繰り返し・条件分岐　　　　　　　　　　　　　　　　　　基本 タイパ

024 | リストを使って繰り返す仕組みを作る

図1：「このリストのメンバーすべて」を対象に処理を行うイメージ

まず材料をリストアップし、その1つひとつを取り出し同じ作業を行う

■ マクロで特定のリストのメンバーすべてに対して処理を行う

　繰り返し処理には、「まず作業の対象をリストアップし、そのすべてのメンバーに同じ作業を行う」という考え方でも作成できます。このタイプの繰り返し処理は、「**For Each Nextステートメント**」を利用します。

For Each Nextステートメントの基本構文
```
For Each メンバー変数 In リスト
    個々のメンバーに対する処理をここに記述
Next
```

　For Each Nextは、前節のFor Nextと同じくループ処理を行う仕組みの1つです。For Nextでは変数の「数」を変化させながら指定回数の繰り返しを行いましたが、For Each Nextでは変数の「メンバー」を変化させながら処理を繰り返し、すべてのメンバーに同じ処理を行います。For Each Nextで利用する変数は「**メンバー変数**」と呼ばれます。

　「全シートの書式をまとめて設定したい」「いくつかのブックのデータをまとめて修正したい」「作成した文字のリストすべてを基に作業を行いたい」などの「まとめて○○したい」ケースでよく使われる仕組みです。ちょっと難しいのですが、マスターすると一気にタイパが上がる仕組みです。大量の作業量に悩んでいる方におすすめです。

リストを使ったマクロの例

動作のイメージをつかむために、セルのリスト、シートのリスト、自作のリストを使った処理を実際に動かしてみましょう。

次のコードは「セル範囲C4:E6」内の個々のセルと、「すべてのシート」の個々のシートに対して、For Each Nextの仕組みを使って処理を実行します。

リストを使ったループ処理

3-24：リストを使った繰り返し処理.xlsm

```
01  Sub リストを使った繰り返し()
02      Dim rng, sh    '個々のメンバーを受け取るメンバー変数を宣言
03      '指定セル範囲内のすべてのセルに繰り返す
        For Each rng In Range("C4:E6")
04          rng.Value = rng.Text & "個"
05      Next
06      'すべてのシートに繰り返す
        For Each sh In Worksheets
07          sh.Name = "倉庫" & sh.Name
08      Next
09  End Sub
```

図2：リストを使ったループ処理の結果

セル範囲内の個々のセルと、ブック内の全シートに処理を実行

結果を見てみると、セルのほうは「既存の値の末尾に『個』を付ける」、シートのほうは「既存の値の先頭に『倉庫』を付ける」という処理が、リストとして指定した範囲に実行されていますね。

指定するリストを変えれば、ほかのセル範囲や、特定グループのシートに対して処理を実行するのも簡単です。大量の対象に対して一括処理を行う場合、知っておくとタイパが一気に上がる仕組みであることを実感できましたね。

繰り返し・条件分岐　　　　　　　　　　　　　　　　　　基本

025 | 条件に応じて実行する処理を自動で切り替える

図1：セルの内容によって実行する処理を変化させる

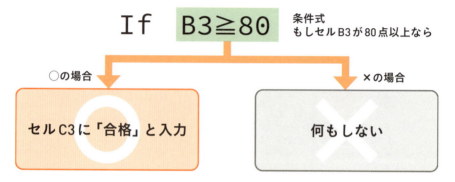

■ Ifステートメントによる条件分岐

　ワークシート上では、IFワークシート関数で、条件式に応じた値を表示できますが、VBAでも「**Ifステートメント**」などの**条件分岐**の仕組みを使うと、条件に応じてプログラムの流れに変化を付けることができます。

Ifステートメントの構文
```
If 条件式 Then
    条件式がTrue(真)だった場合の処理
End If
```

　Ifステートメントは、「**条件式**」の結果が「True」の場合に実行したい処理を、「If」と「End If」の間に挟まれた範囲に記述します。
　条件式というのは、次ページの表1の「**比較演算子**」を利用した式で、結果は必ず「True」か「False」になります。つまり、「イエスかノーか」という質問と同じ感覚で、「○○かどうか」を判定する仕組みです。
　プログラムは基本的に上から下へと書かれた通りに処理を実行しますが、条件分岐の仕組みを利用することで、普段は人が手作業で行っている判断までも自動化し、実行する処理を切り替えられるのです。

表1：条件式に利用する比較演算子

比較の種類	演算子	使用例	結果
等しい	=	5 = 2	False
等しくない	<>	5 <> 2	True
より小さい	<	5 < 2	False
以下	<=	5 <= 2	False
より大きい	>	5 > 2	True
以上	>=	5 >= 2	True

セルの値に応じて処理を変化

実際に利用してみましょう。次のマクロの①の箇所は、「アクティブセルの隣のセルに『合格』と入力する」コードです。このコードを実行するかどうかは、条件式「ActiveCell.Value >= 80」の結果によって変わってきます。

条件分岐による値の入力　　　　　　　　　　　　　　3-25：条件分岐.xlsm

```
01  Sub 条件分岐()
02      'セルの値が80以上であれば隣のセルに「合格」と入力
03      If ActiveCell.Value >= 80 Then
04          ActiveCell.Next.Value = "合格"           '①
05      End If
06  End Sub
```

図2：条件分岐の仕組みを使った結果

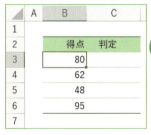

アクティブなセルの値に応じて処理を切り替えられた

条件式の意味は「アクティブなセルの値が80点以上かどうか」です。マクロをセルB3を選択して実行すると、条件式はTrueとなり、「隣のセルに『合格』と入力」する①の処理が実行されます。セルB4で実行すると、今度は条件式がFalseとなり、隣のセルには何も入力されません。このように条件分岐の仕組みを使うと、実行時に判定を行いながら処理を分岐できます。

繰り返し・条件分岐 　　　　　　　　　　　　基本 便利

026 | もう少し細かく実行する処理を選ぶ

図1：実行する処理を2パターンに切り替える

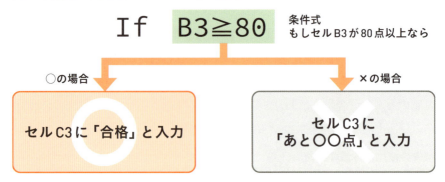

条件式の結果に応じた処理を選んで実行する

IfステートメントはElse句を加えることで、条件式がTrueのときとFalseのときに分けて実行する処理を2通りに分けられます。

Else句を使った場合の基本構文

```
If 条件式 Then
    条件式がTrueのときに実行するコードを記述
Else
    条件式がFalseのときに実行するコードを記述
End If
```

条件式の結果がTrueの場合は「If」と「Else」に挟まれた部分に記述したコードが実行され、Falseの場合は「Else」と「End If」に挟まれた部分に記述したコードが実行されます。

ワークシート関数のIf関数も「=If(条件式, Trueの場合, Falseの場合)」と、3つに分けて記述しますよね。それと同じ感覚で条件式、Trueの場合の処理、Falseの場合の処理の3つを、決められた箇所にはめこんでいくイメージで作成していきましょう。

処理の流れを2つに分岐

実際にElse句を加えた処理を作成してみましょう。次のマクロは前節のマクロの内容に、条件式がFalseだった場合の処理を付け加えたものです。赤字部分が付け加えた部分です。

Else句を加えたマクロ　　　　　　　　　　　　　　　3-26：複数条件の分岐.xlsm

```
01  Sub 条件式の結果で2つに分岐()
02      'セルの値が80以上かどうかで判定を2種類に分岐
03      If ActiveCell.Value >= 80 Then
04          ActiveCell.Next.Value = "合格"
05      Else
06          ActiveCell.Next.Value = "あと" & 80 - ActiveCell.Value & "点"
07      End If
08  End Sub
```

このマクロを実行すると、「アクティブセルの値が80以上か」という条件式の結果に応じて、隣のセルに「合格」と入力する処理と、隣のセルに「あと○○点」という80点との差分を入力する処理を切り替えて実行します。

図2：実行する処理を2パターンに分岐した結果

アクティブなセルの値に応じて処理を2パターンに切り替えられた

セル範囲B3:B6の各セルを選択してマクロを実行した結果を見てみると、きちんとセルの値に応じた処理が自動判定され、実行されていることが確認できますね。

ここもポイント ｜ もっと分岐を増やしたい場合には

本書では扱いませんが、分岐をもっと増やすには、ElseIf句の仕組みや、Switch Caseステートメントなどの仕組みも用意されています。

繰り返し・条件分岐　　　　　　　　　　　　　　　　　　　基本 便利

027 | 実行時に [はい] か [いいえ] で選んでもらう

■ マクロでお知らせ・問い合わせを行う

処理を分岐する際、条件式を使えば分岐するかどうかを自動判定できますが、時にはユーザーに「今回はどの処理でやる？」と問い合わせしたい場合もあります。そんなときに便利な仕組みが「**MsgBox関数**」です。

図1：MsgBoxの表示

ユーザーに各種問い合わせを行う MsgBox 関数

MsgBox関数は、メッセージダイアログに指定した文字列を表示したり、[はい][いいえ]などのボタンを表示したりできます。

MsgBox関数は、3つの引数を持ち、単にメッセージを表示するだけであれば、1つ目の引数を指定するだけでOKですが、2つ目の引数を設定すると、表示するボタンの種類やアイコンの種類を設定できます。

表1：MsgBox関数の引数

引数	引数名	説明
第1引数	Prompt	表示する文字列を指定
第2引数	Buttons	表示するボタンの種類を定数で指定
第3引数	Title	タイトル部分に表示する文字列を指定

第2引数では、表示するボタンの種類と、表示アイコンを、次ページの表の組み込み定数を使って指定します。例えば、[はい][いいえ]のボタンを表示したい場合は「vbYesNo」を指定します。

ボタンとアイコンの指定は、設定したい項目の組み込み定数を加算することで、まとめて指定可能です。例えば、[はい][いいえ]のボタンと、[はてな]アイコンを表示するには次のようにコードを記述します。

```
MsgBox "表示したい文字列", vbYesNo + vbQuestion
```

表2：第2引数に指定できる組み込み定数

組み込み定数	表示ボタン	組み込み定数	表示アイコン
vbOKOnly	[OK]（既定値）	vbCritical	[警告]
vbOKCancel	[OK][キャンセル]	vbQuestion	[はてな]
vbAbortRetryIgnore	[中止][再試行][無視]	vbExclamation	[注意]
vbYesNoCancel	[はい][いいえ][キャンセル]	vbInformation	[情報]
vbYesNo	[はい][いいえ]		
vbRetryCancel	[再試行][キャンセル]		

また、ユーザーがクリックしたボタンの種類をチェックしたい場合には、引数全体をカッコで囲み、戻り値を変数で受け取ります。

ユーザーの選択結果を受け取る場合の基本構文
```
変数 = MsgBox("表示したい文字列", ボタンの種類)
```

このとき、変数側には押したボタンに応じて、次の表の組み込み定数の値が代入されます。

表3：押したボタンに対応する組み込み定数

組み込み定数	表示ボタン	組み込み定数	表示ボタン
vbOK	[OK]ボタン	vbIgnore	[無視]ボタン
vbCancel	[キャンセル]ボタン	vbYes	[はい]ボタン
vbAbort	[中止]ボタン	vbNo	[いいえ]ボタン
vbRetry	[再試行]ボタン		

◢ メッセージを表示する

実際にMsgBox関数を使ってみましょう。次のコードは「Hello Excel VBA」という文字列をダイアログ表示します。

メッセージを表示
```
01  Sub メッセージを表示()
02      MsgBox "Hello Excel VBA"
03  End Sub
```

引数は表示したい文字列のみを指定します。すると、次ページの図2のように[OK]ボタンのみを持つダイアログとして表示されます。

図2：MsgBox関数で表示したダイアログ

MsgBox関数でシンプルにユーザーに
お知らせを表示したところ

　次のコードは［はい］［いいえ］ボタンと［はてな］アイコンを持つダイアログを表示し、押したボタンによって2種類のメッセージを表示します。

問い合わせダイアログを表示する　　　　　　　　　　　3-27：問い合わせ処理.xlsm

```
01  Sub 問い合わせ()
02      Dim answer
03      '押したボタンを変数で受け取って処理を分岐
04      answer = MsgBox("犬よりも猫が好きですか?", vbYesNo + vbQuestion)
05      If answer = vbYes Then
06          MsgBox "猫好きなんですね"
07      Else
08          MsgBox "犬好きなんですね"
09      End If
10  End Sub
```

図3：ユーザーの選択結果によって処理を切り替える

［はい］の場合　　　　［いいえ］の場合

　変数に受け取った選択結果を、Ifステートメントで判定することで、押したボタンに応じた処理を実行できるというわけです。

Chapter
4

マクロ作りを効率化するお助け機能を押さえる

本章では、「知らなくてもマクロは作れるけれど、知っていると快適にマクロを作って利用できる」仕組みや考え方をご紹介します。

ざっくばらんなところ、初心者の方にはちょっと難しい内容と感じるかもしれません。しかし、ちょっとマクロのことがわかってくると感じる「こういうの何とかならないのかな」という悩みを解決してくれる仕組みでもあります。

本章の内容はとりあえずざっと目を通しておいて、あとで困ったことに直面したときに「そういえばあんなこと書いてあったな」と思い出して見返し、自分にとって役に立つようであれば採用してみてください。

それでは、見ていきましょう。

整理整頓のコツ　便利

028 モジュールでマクロを整理する

図1：標準モジュール単位でマクロを整理

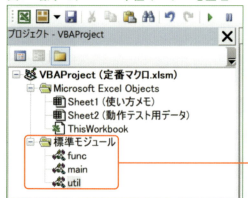

マクロの目的ごとにモジュールを分け、モジュール名を使って用途をわかりやすく整理する

　自作のマクロが増えてくると、「あのマクロどこかな」「どのブックに作ったかな」という場面が増えてきます。業務を簡単にしようと思って作ったはずなのに、マクロを探すという新たな仕事が増えてしまったら本末転倒ですね。そこであらかじめ対処方法を押さえておきましょう。

　効果的なのは、標準モジュール単位でマクロを整理する手法です。**標準モジュールは、ワークシートと同じように複数枚を自由に追加し、名前の変更も可能です。そこで、マクロの用途などを目安に、増えてきたマクロを分けて管理し、さらにモジュール名を用途が想像できる名前に変更して整理する**のです。例えば、次のような名前と用途で整理します。

表1：モジュール名の例

モジュール名	想定する用途やまとめるマクロ
util	よく使う書式設定や集計処理などの、汎用マクロを作成する。ユーティリティー（Utility）の略
main	そのブックならではの処理を行うマクロを作成する。ブックで行うメイン（main）の作業用
func	自分で作成した関数（P.76）を置くモジュール。関数（Function）の略

マクロ名は［プロパティ］ウィンドウ（P.17）で変更可能です。1つ注意点は、標準モジュールは任意の順番に並べ替えできません。自動で昇順（A→Z順）で並び替わってしまいます。

並び順をコントロールするには「M01_main」「M02_util」「M03_func」といった先頭に並び順用の接頭辞を付けるなどの対処が必要になります。ちょっと面倒ですが、バラバラの並び順では使いにくい場合に検討してください。

モジュールのコピーはドラッグ＆ドロップするだけ

モジュール単位でマクロを整理しておくと、ほかのブックへのマクロのコピーも簡単になります。方法は**［プロジェクトエクスプローラー］上で、コピーしたいモジュールを、コピー先のブックへとドラッグ＆ドロップ**するだけです。決まったブックに汎用的なマクロを集めておき、それを別ブックにコピーして使いまわすような作業が、とても手軽で便利になります。

図2：ブック間をドラッグ＆ドロップするだけでコピーが作成される

標準モジュールは、プロジェクトエクスプローラー上でブック間をドラッグ＆ドロップするとコピーされる

ここもポイント ｜「バージョン管理問題」には要注意

モジュール単位で管理する際に注意したいのは、「コピーしたあとのちょっとしたカスタマイズ」です。それ自体はかまわないのですが、あとで「あれ？ あの修正どこでしたかな？」「あれ？ 前は動いていたのに修正したものをコピーしたら動かなくなったぞ？」など自分が思っている状態と、実際の内容が異なるというトラブルが発生しやすくなります。いわゆるバージョン管理問題ですね。

「修正・アップデートは必ず大元となるブックで行い、それをコピーする」「大元のブック以外のモジュールは、カスタマイズしている可能性があるのでコピーしない」などのルールをあらかじめ決めておくのがおすすめです。

整理整頓のコツ　　　　　　　　　　　　　　　便利

029 モジュール名込みでマクロを実行する

図1：特定モジュール上のマクロを呼び出す

「あのマクロを実行したい」ときに便利な仕組み

　VBAではマクロ内のコードから、ほかのマクロを呼び出すことも可能です。だんだんと、「よくある作業」「定番の仕上げ作業」などに対応したマクロが揃ってきたら、毎回イチからマクロを書き直すのではなく、作っておいたマクロを作業に応じた順番で呼び出すほうが手軽で簡単です。

　しかも、過去に「ちゃんと動く」ことを確認してあれば、動作テストの作業も飛ばせます。その分浮いた時間をほかのチェック作業に回せますね。このスタイルでマクロを作成するときに知っておくと便利な仕組みが、**マクロをモジュール名込みで呼び出す記法**です。

　通常、同一モジュール内でほかのマクロを呼び出すには、**Callステートメント**の仕組みを利用して「Call マクロ名」もしくは、単に「マクロ名」を記述します。

ほかのマクロを呼び出す2パターンの構文

Call　マクロ名
マクロ名

　例えば、「macro1」を別のモジュールから実行するには、次のように記述します。

ほかのモジュール内から「macro1」を呼び出す

Call　macro1	'Callステートメントで呼び出す
macro1	'マクロ名を直接記述して呼び出す

また、モジュール名込みで記述しても同じように呼び出せます。

作成済みマクロをモジュール名込みで呼び出す構文
　モジュール名.マクロ名

　この形式のいいところは、VBEのヒント機能を生かして、コードの入力が簡単にできる点です。
　例えば、「util」モジュールに作成しておいたマクロを呼び出したいとします。そのときには、「util.」と、モジュール名に続けてドットを打った時点で、作成されているマクロの一覧がヒント表示されます。

図2：マクロ名をうろ覚えでもモジュール名からヒント入力できる

① 「util」とモジュール名を入力して「.」を打つと、モジュール上のマクロ名がリスト表示される

② マクロを選択して Tab キーを押すとコードが入力される

　矢印キーの上下で呼び出したいマクロを選択し、Tab キーを押せば入力完了です。簡単ですね。
　マクロ名が一覧表示されるので「あのマクロは何て名前で作ったかな…」と悩むこともありません。モジュール名さえ覚えておけば、マクロ名はうろ覚えでもリストから選ぶだけでOKです。この手法さえ知っていれば、マクロ名を「リストから探しやすい長めの名前」にできますね。どんな長い名前でも、選択して Tab キーを押すだけで一発で入力できます。
　だんだんと自分なりの「定番マクロ」が増えてきたら、「モジュールごとに整理して呼び出す」スタイルにチャレンジしてみてください。

整理整頓のコツ　便利

030 マクロに引数を用意する

図1：同じマクロに引数を使って必要な情報を渡す

	A	B	C	D	E	F
1	Hello!		Hello!	Hello!	Hello!	
2			Hello!	Hello!	Hello!	
3			Hello!	Hello!	Hello!	
4			Hello!	Hello!	Hello!	
5						

'異なる引数を指定して2回呼び出す
main.inputHello Range("A1")
main.inputHello Range("C1:E4")

「どのセルに値を入力するか」を、引数を使って指定できるマクロが作成できる

　マクロを作成する際には、自作の引数を設定することもできます。方法はとても簡単で、マクロ名の後ろのカッコの中に受け取りたい情報に対応する引数名を記述するだけです。

引数を設定したマクロの構文

```
Sub マクロ名(引数名)
    引数を使った処理を作成
End Sub
```

　作成したマクロは、ほかのマクロから呼び出して使う際、必要な情報を引数で受け取れます。メソッドで引数を利用する際と同じ書き方ですね。

引数を設定したマクロを呼び出す場合の構文

```
マクロ名 引数に渡す情報
```

　呼び出されたマクロ内では、受け取った情報を引数名を使って利用できます。例えば、次のマクロ「inputHello」は、「指定セルに『Hello!』と入力する」だけのマクロですが、どのセルに入力するかは、引数「rng」で指定できるようになっています。

引数「rng」を用意したマクロ「inputHello」

4-30：引数設定したマクロ.xlsm

```
01 Sub inputHello(rng)
02     '引数として受け取ったセル範囲に値を入力
03     rng.Value = "Hello!"
04 End Sub
```

注目してほしい点は、マクロ名の後ろのカッコ内で引数「rng」を用意している点と、マクロ内のコードで「rng.Value」と、受け取った引数の情報（セル参照の情報）を利用して、「受け取ったセル範囲のValueプロパティを使う」形でコードを記述している点です。
　このマクロを「セルA1」、そして「セル範囲C1:E4」を引数として渡して実行するには、次のようにコードを記述します。

引数を指定してマクロ「inputHello」を呼び出す　　　4-30：引数設定したマクロ.xlsm

```
01    inputHello Range("A1")
02    inputHello Range("C1:E4")
```

図2：必要な情報を引数に渡してマクロを呼び出す

　結果を見てみると、引数として渡したセル範囲の情報を基に、値を入力するセルが切り替わっていますね。

引数はヒント表示される

　引数を設定したマクロを呼び出す際、マクロ名を入力後にスペースやカッコを入力した時点で、どんな引数が用意されているかがヒント表示されます。

図3：自作の引数はヒント表示の対象になる

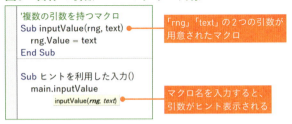

　ヒントを見ながら必要な情報を指定できるため、わかりやすいですね。少々作るのが面倒な仕組みなのですが、いったん作成すれば次から大変便利に使えるので、積極的に取り入れていきましょう。

整理整頓のコツ 便利

031 コメントを使って整理する

図1：コメント機能を使って整理してある状態

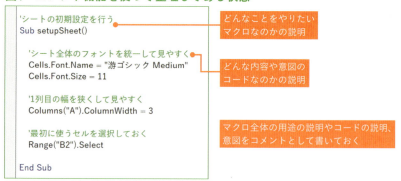

■ コメントは自分を助けるガイド

本書ではすでに利用していますが、VBAでは「'（アポストロフィー）」を入力すると、その行では以降の部分が**コメント**として扱われます。あらためてその仕組みと使い方のコツを見ていきましょう。

コメントとは、プログラムの結果に全く影響のないメモ書きのようなものです。「結果に影響ないのであれば特にいらないのでは？」と思うかもしれません。しかし、私たち人間にとっては、大変便利な仕組みなのです。

マクロは1回作って実行しておしまい、というものではなく、何回か使ったり、機能を付け足したり修正したり、という作業が発生します。このとき、自分が作ったマクロでも、見直してみると「どういう意味だったかな…」とわからなくなることもあります。残念ながら、私たち人間には避けられない現象です。そこでコメントの出番です。「どんな作業を意図して作成したマクロなのか」「どんな意図の処理なのか」「どういう意味のコードなのか」「どういう使い道の変数なのか」などをどんどんメモしていきましょう。

また、「まず、コードを作成し、その意図や内容をメモする」という順番で作業するのではなく、「まず、意図や行いたい処理をコメントとして書き出し、それを実現するコードを作成する」というスタイルでマクロを作成することもできます。

図2：最初にコメントのみでマクロの内容を整理する

まずはやりたいことと流れを整理し、その上で対応するコードを作っていくわけですね。ちょっと長めのマクロになりそうな場合には、コメントで大まかな流れを整理できるこのスタイルが特に役に立ちます。

未来の自分のために、コメント機能を積極的に活用していきましょう。

✅ ［コメントブロック］機能でまとめてコメント化

あわせて、コメントのもう1つの用途についても押さえておきましょう。複数行を選択した状態で、［表示］－［ツールバー］－［編集］で表示される**［編集］ツールバー内の［コメントブロック］ボタン**を押すと、選択範囲の先頭行に「'」が付加され、まとめてコメント化できます。

図3：［コメントブロック］機能

この機能はマクロ内の一部のみを対象に、意図通りに動くかを確認するテストにとても便利です。確認したい箇所のコード以外を、一時的にまとめてコメント化してしまい、気になる部分のみを実行して確認するわけですね。

コメントブロック化した範囲を元に戻すには、［コメントブロック］ボタンの右隣の［非コメントブロック］ボタンで一括解除できます。

整理整頓のコツ　便利

032 ややこしい処理を一言で表せる「関数」を自作する

図1：BMI計算を行う「関数」を実行したところ

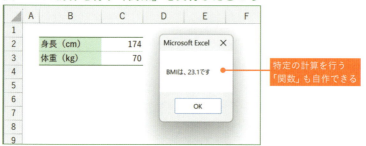

特定の計算を行う「関数」も自作できる

関数の仕組みでどんな計算なのかを一言でまとめる

　VBAでは、一連の計算処理を「**関数**」単位でまとめられるようになっています。この関数は、次の構文で作成できます。「Function 関数名（引数）」から「End Function」まででひと固まりの関数となります。マクロが「Sub」～「End Sub」まででひと固まりなのと同じ形ですね。

関数の基本構文
```
Function 関数名(引数)
    引数を使った計算
    関数名 = 戻り値
End Function
```

　マクロと大きく異なるのは、**関数は計算結果を返す仕組み**である点です。関数が返す計算結果を「**戻り値**」と言いますが、戻り値を指定するには、関数内で「関数名 = 戻り値」の形で記述します。作成した関数は、既存の関数と同じように利用できます。

自作の関数の使い方
```
関数名(引数)
```

BMI計算を行う関数を作成してみよう

　実際に健康診断でおなじみの、体重と身長から算出する体格指数「BMI」を計算する関数「BMI」を作成してみましょう。BMIは「体重（kg）÷（身長（m）× 身長（m））」で計算できます。

　身長に関してはm単位ではなくcm単位で把握しているほうが多いでしょうから「身長（cm）と体重（kg）を引数として受け取って、戻り値としてBMI値を返す関数」という方針で作成してみましょう。

　なお、関数を作成する際には、関数を作成する専用のモジュールを用意しておくのがおすすめです。今回は「func」モジュールに次のように関数「BMI」を作成してみました。

funcモジュールに作成した関数BMI　　4-32：関数の呼び出し.xlsm

```
01  Function BMI(heightCm, weightKg)
02      '身長をmに変換
03      Dim heightM
04      heightM = heightCm / 100
05      'BMIを「体重／(身長 * 身長)」で計算
06      BMI = Round(weightKg / (heightM * heightM), 1)
07  End Function
```

　引数は身長を引数「heightCm」、体重を「weightKg」で受け取ります。関数内の処理では、受け取った引数を基にBMI値の計算を行い、四捨五入を行うRound関数で小数第1位で四捨五入しています。その値を「BMI = 計算結果」の形で戻り値として指定します。

　この関数は次のように利用します。

別モジュールからfuncモジュール上の関数BMIを呼び出す　4-32：関数の呼び出し.xlsm

```
01  Sub BMIを表示()
02      Dim myBMI
03      myBMI = func.BMI(174, 70)
04      MsgBox "BMIは、" & myBMI & "です"
05  End Sub
```

　「func.BMI」と記述して計算ができることで、コードを見ただけで「この部分は自作関数でBMI計算をしているんだな」ということがわかりやすくなりますね。自作関数は、このようにコードの意図を伝えやすくする効果があります。

整理整頓のコツ　便利

033 「名付けルール」を大事にする姿勢が重要

図1：見ただけで用途の想像が付く名前が理想

マクロ名や変数名で「伝える」という視点

　VBAではマクロ名や変数名、さらにはモジュール名などさまざまな「名前」を比較的自由に付けられます。この仕組みをうまく使うと、マクロを整理整頓しながら作成していけます。

　P.25でも解説しましたが、マクロの作成を始めたばかりの頃は、「とりあえず適当な名前で作ってみよう。キーボードで入力する手間もあるから1文字でいいか」というように、次のようなマクロを作りがちです。

適当な名前で作ったマクロ

```
01  Sub test
02      Dim a, b, c
03      a = 100
04      b = 50
05      c = a * b
06      MsgBox "合計金額:" & c
07  End Sub
```

　手軽に作成できますし、コードを最後まで読んで行けば、処理の内容はわかります。しかし、このタイプのマクロは、あとで見返したときに内容や流れが把握しにくくなります。修正する際も、全体を完全に把握してからでないと手が付けにくいという、「触るのが怖い」マクロになりがちです。

　一方で次のマクロは同じ処理を「名前」を意識して作成したものです。

名前を意識して作ったマクロ

```
01  Sub 合計金額計算
02      Dim price, quantity, total    '価格、数量、合計金額
03      price = 100
04      quantity = 50
05      total = price * quantity
06      MsgBox "合計金額:" & total
07  End Sub
```

マクロ名や変数名に「どんな意図なのか」を連想できる名前を付けてみました。また、変数名は英単語をベースに決めましたが、宣言する際にはそれぞれの変数の意味をコメントで補足しています。

前のマクロと比べると、格段に意図や内容が明確になりました。修正する際もどこを修正するとどうなるのかが把握しやすくなります。

プログラムの世界では、このような名付けルールを「**命名規則**」と呼びます。ルールを決めておき、それに従った名前を付けていくことで、プログラムの内容を把握しやすくしています。

VBAのコードでよく見かける命名規則

命名規則には、「先頭は小文字」「すべて大文字」「単語ごとに先頭だけ大文字」「先頭に決まった文字を付ける」「変数名は日本語で付ける」など、さまざまなルールが考えられています。どんなルールにするかは好みもありますが、自分でマクロを作成する際にも、一度考えておくと迷わずに統一感のある名前が付けられるようになるでしょう。

表1：よく見かける命名規則

変数名の例	意図
rng、sht、bk	それぞれセル、シート、ブックを扱う意図の変数名。 扱う対象が何なのかを名前で表す
totalRng、dataSht	「合計を入力するセル」「データの入力されているシート」など、 「どんな目的の」「どんなオブジェクトなのか」を名前で表す
i、j	ループ処理のカウンタ変数に使う変数名。 伝統的に「i」や「j」が使われる
TAX、FOLDER_PATH	「税率」や「フォルダーのパス」など、決まった値を扱う意図の 名前（定数名）

調べ方

034 利用したい オブジェクトの調べ方

図1：MicrosoftのLearnサイトで検索

F1 キーを押すとWebに公開されているVBAのリファレンス（辞書）がWebブラウザに表示される

■ VBEから直接ヘルプを呼び出そう

　Excelの機能を使った作業をマクロで自動化するため、対応するオブジェクト名を知り、プロパティ名やメソッド名を知る必要があります。さらに、メソッドでオプションを利用するためには、引数名やオプションに対応する定数を知る必要も出てくるでしょう。また、Webや書籍上のサンプルなどで入手したマクロや、［マクロの記録］機能（P.94）で自動作成したマクロに対して、「いったい、この部分はどんなことをやっているのだろう」と、その内容を知りたいケースも出てきます。

　このような情報を調べるのに便利なのが、VBEの**ヘルプ機能**です。VBEでコード内の調べたいキーワードを選択した状態で、［ヘルプ］－［Microsoft Visual Basic for Applications ヘルプ］を選択するか、単にキーボードのF1キーを押すと、WebブラウザにMicrosoftのWebサイトに用意されたリファレンス（辞書）ページが表示されます。

　リファレンスには、オブジェクトの一覧やプロパティ、メソッドに引数の情報、さらにサンプルのコードなどの多彩な情報が記載されています。特にマクロの作成を始めたばかりの方は、辞書を引きながら言葉を調べる感覚で、いろいろなキーワードを選択してヘルプを調べるくせを付けておくと、目的のコードを知る近道になるでしょう。

知りたいコードをピンポイントで検索

リファレンスの左上には、検索用のボックスが用意されています。ここに調べたい単語をVBEのコードをコピーして入力すると、該当する内容がリスト表示されます。リストの中から「これかな？」というものを選択すると、具体的なオブジェクト、プロパティ、メソッド、用意されている引数や使用例などが検索できます。まさに辞書ですね。

図2：［検索］ボックスから検索

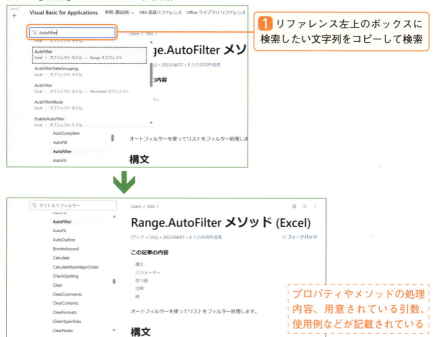

VBAは広く使われているため、サンプルのマクロを入手するのが簡単です。初めて使う機能も［マクロの記録］機能を使うことで、マクロで記述した場合のざっくりとしたサンプルが入手できます。

サンプルを入手したら、わからない部分や知らない部分をリファレンスで調べて、だんだんと自分が「わかる」箇所を増やしていきましょう。

調べ方　便利

035 用意したコメントを基にAIにマクロのひな形を作ってもらう

図1：コメントを書いてAIに聞くスタイル

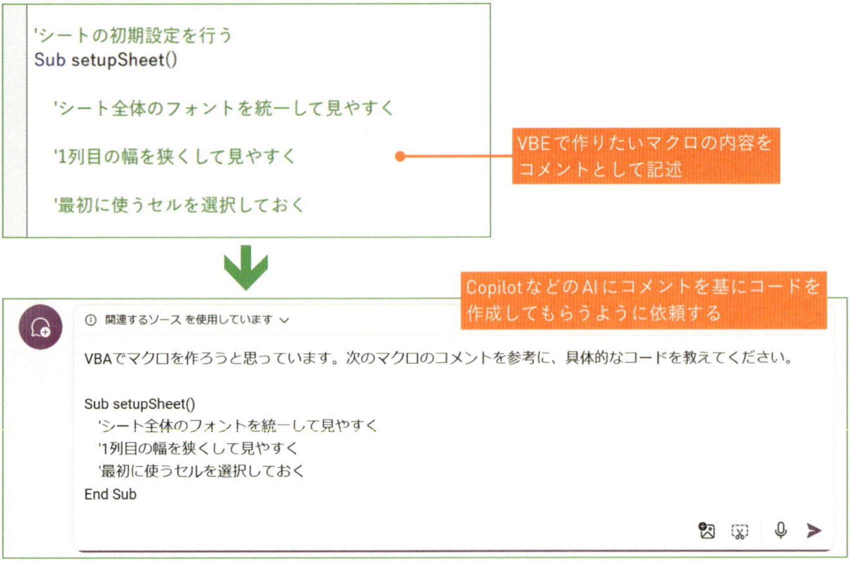

```
'シートの初期設定を行う
Sub setupSheet()

    'シート全体のフォントを統一して見やすく

    '1列目の幅を狭くして見やすく

    '最初に使うセルを選択しておく
```

→ VBEで作りたいマクロの内容をコメントとして記述

Copilot などの AI にコメントを基にコードを作成してもらうように依頼する

```
① 関連するソース を使用しています ∨

VBAでマクロを作ろうと思っています。次のマクロのコメントを参考に、具体的なコードを教えてください。

Sub setupSheet()
    'シート全体のフォントを統一して見やすく
    '1列目の幅を狭くして見やすく
    '最初に使うセルを選択しておく
End Sub
```

■ やりたいことをコメントで整理してコードはAIに聞いてみる

　マクロ作成時のよき相談相手がCopilotやGeminiといったAIです。相談する際には、**あらかじめ作りたいマクロの内容をコメントの形で整理しておき、そのコメントを基に具体的なコードを教えてもらう形**にすると、意図に沿ったコードを教えてもらいやすくなります。

　例えば、「シートの初期設定を行うマクロ」を作成しようとする場合、まず、マクロ名を考え、その内容をコメントで記述していきます。コメントの内容は、具体的であればあるほど意図した通りのコードになると思いますが、そもそも、それがわからないから相談しているケースのほうが多いですよね。ですので、「シート全体のフォントを統一」「1列目の幅を狭く」「最初に使うセルを選択」といった、割とざっくりした目的を記述するだけでもかまいません。

相談に使うマクロのひな形の例

```
01  Sub setupSheet()
02      'シート全体のフォントを統一して見やすく
03      '1列目の幅を狭くして見やすく
04      '最初に使うセルを選択しておく
05  End Sub
```

　ざっとした流れが記述できたら、CopilotなどのAIに相談しましょう。「VBAでマクロを作成しようと思っています。次のマクロのコメントを参考に、具体的なコードを教えてください」などの文言（プロンプト）と共に、作成したひな形をコピーします。すると、図2のような回答が得られます。

図2：AIの回答

具体的なコードを教えてくれるので、VBEにコピーして意図に沿うように修正していく

　回答のコードは必ずしも意図した内容ではない場合や、正しいものではない場合もありますが、それを基に修正していけば、マクロを作成する叩き台として十分です。「相談してみて、好みに合わせて修正」するというスタイルでマクロの作成を進めていきましょう。

036 AIにコードを提案してもらうときのコツ

調べ方 / 便利

図1：AIにBMI計算を行う関数を作ってもらう

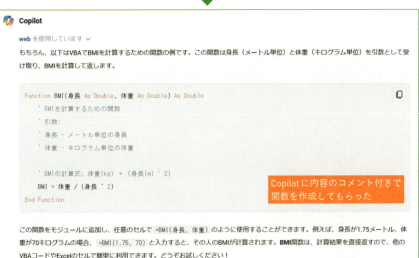

段階的に「相談」していく

AIには具体的なコードの相談や変数名、関数名などの命名規則の相談など、さまざまな内容を相談できます。1つの相談を行い、その解答を教えてもらったとき、回答内に修正してもらいたい点やわからない点があれば、続けて相談することで、前の回答を基にした回答が得られます。

1回の質問と回答で期待通りの答えやコードを得ようとするのではなく、段階を踏んで「相談」していくと、だんだんと意図通りの内容にブラッシュアップしてもらえるでしょう。頼りになりますね。

例えば前ページの図1では「BMI計算をする関数を作ってほしい」という相談をし、関数BMIを作ってもらっています。しかし、よく見るとこの関数は身長をm単位で指定する仕組みになっていますね。そこで、次のように続けて相談してみます。

図2：前の回答を基に修正してもらう

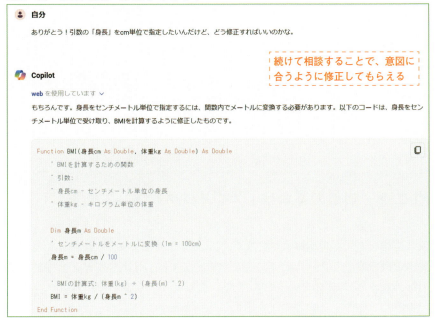

すると、先ほどの回答を修正したコードを教えてもらえました。意図と異なる結果だった場合には、このように段階を踏んで相談していきましょう。

「正解」ではない点に注意

　AIによる回答は「正解」ではない点には注意しましょう。「すごくVBAに詳しいけど、勘違いもある同僚」くらいの認識で相談するのがベターです。

　また、相談する際や回答を理解する際には、最低限のVBAのルールや仕組みを理解していないと「どう質問すればいいかわからない」「何を言っているかがわからない」という状態になります。AIに丸投げするのではなく、基本的な仕組みは押さえておき、AIに相談する、というスタンスで臨みましょう。

便利機能　　　　　　　　　　　　　　　　　基本　便利

037 エラーが起きたときの対処方法

図1：コード中にエラーがあるとエラーダイアログが表示される

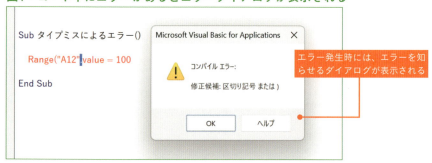

エラー発生時には、エラーを知らせるダイアログが表示される

エラー対処の基本は「ダイアログを閉じて修正」

　マクロを書いていると、エラーの内容を表示するダイアログボックスと頻繁に遭遇します。原因は、単純なスペルミスや余分な改行、存在していない要素を扱おうとした、などさまざまです。まずは、[OK] ボタンを押すなどの操作でダイアログをいったん消去しましょう。その上で、VBEがエラーの場所だと判断している箇所を修正していきます。

　また、エラー発生時には**「ここが原因なのでは？」という候補の箇所を、赤い文字や黄色いマーカーで強調表示してくれます**。指摘された部分を中心に、何かおかしい場所がないかを絞り込んでいき、修正しましょう。

　エラーに遭遇すると、「怖い」「触るのが嫌だ」というネガティブな気分になりますが、発想を転換して「間違った箇所を絞り込んでくれている」とポジティブに捉え、「止めて」「修正」という手順で落ち着いて修正していきましょう。

> **ここもポイント　[アンドゥ]機能で1つ前に戻してみる**
>
> うっかり操作でエラーが発生した場合には、Ctrl+Zキーを押して、[アンドゥ] 機能を実行してみましょう。[アンドゥ] 機能により1操作分前の状態へと戻り、エラーが出る1つ前の「元の状態」へと簡単に戻すことができます。

よく遭遇するエラーダイアログと対処方法

エラーは大まかに「マクロの記述中に発生するエラー」と「マクロを実行してみて初めて発生するエラー」があります。それぞれ表示されるダイアログと対処方法は次のようになります。ダイアログの内容を確認して、問題箇所に見当を付け、修正していきましょう。

図2：タイプミスなどの際に表示されるダイアログ

コンパイルエラーなど
コード記述時に表示されるエラー
スペルミスなどがある場合に表示されるエラー。[OK]ボタンをクリックしてダイアログを消去し、赤く表示されている箇所を修正する

図3：マクロの実行途中に表示されるダイアログ

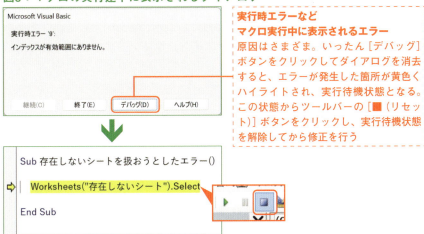

実行時エラーなど
マクロ実行中に表示されるエラー
原因はさまざま。いったん[デバッグ]ボタンをクリックしてダイアログを消去すると、エラーが発生した箇所が黄色くハイライトされ、実行待機状態となる。この状態からツールバーの[■（リセット）]ボタンをクリックし、実行待機状態を解除してから修正を行う

どんな達人でもエラーに遭遇したことがないという人は存在しません。怖がらずに、修正しながら目的のマクロを作成していきましょう。

> **ここもポイント｜実行時エラーは、エラー発生箇所以前のコードは実行済み**
>
> 実行時エラーが発生した場合、それ以前に記述されているコードはすでに実行されています。再実行する場合には、その時点で実行済みの処理部分を手作業で元に戻してから実行するなどして対処しましょう。

便利機能　　　　　　　　　　　　　　　　　　　　基本　便利

038 開発時に変数や計算結果を確認用に書き出す

図1：[イミディエイト] ウィンドウに書き出す

[イミディエイト] ウィンドウにはちょっとした確認用の値や実行ログを書き出せる

[イミディエイト] ウィンドウで確認しながらマクロ作成

マクロ作成時には、「この処理、ちゃんと動くのかな」「この変数って、今どんな値が入ってるのかな」と、ちょっとした確認を行いたい場面が多々あります。そんなときには、**[イミディエイト] ウィンドウ**を使って処理結果や経過を確認していきましょう。

[イミディエイト]ウィンドウは、[表示] - [イミディエイト ウィンドウ]を選択するか、Ctrl+Gキーで表示できます。

この [イミディエイト] ウィンドウに値を書き出すには、Debug.Printメソッドを利用します。Debug.Printメソッドは、引数として、確認したい値や式（変数や計算式など）を指定します。

Debug.Printメソッドの構文
```
Debug.Print 書き出したい式[, 式2, 式3]
```

式はカンマで区切って列記することで複数の結果をまとめて出力可能です。
次のコードは「1列目の幅」という文字列と、「Columns(1).ColumnWidth」という式の結果（1列目のセル幅の値）をまとめて出力します。

指定文字列と式の結果を出力
```
Debug.Print "1列目の幅", Columns(1).ColumnWidth
```

結果を見てみると、[イミディエイト] ウィンドウに引数として指定した式の結果が順番に出力されています。Debug.Printメソッドは、このように

「ちょっとした確認」に大変便利なメソッドなのです。

図2：Debug.Printで結果を出力

引数に指定した式の結果を順番に出力したところ

簡単なコードを実行する「コンソール」としても利用可能

［イミディエイト］ウィンドウには、結果を出力するだけでなく、直接ちょっとしたコードを記述して、実行することも可能です。

例えば、「このブックのパス（保存場所）はどこだったかな…」と確認したい場合には、「debug.print thisworkbook.path」とパスを出力するコードを直接記述し、Enterキーを押すと、コードが実行されます。

図3：直接コードを記述して実行

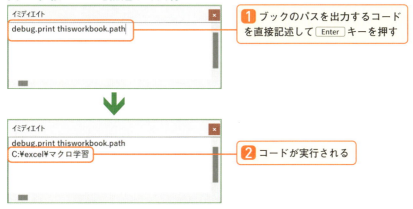

1. ブックのパスを出力するコードを直接記述してEnterキーを押す
2. コードが実行される

ちゃんと残すコードではなく使い捨てのコードなので、すべて小文字で記述したり、適当に書いたりしてもOKです。手軽に使っていきましょう。

> **ここもポイント｜［イミディエイト］ウィンドウは自由に配置可能**
>
> ［イミディエイト］ウィンドウの初期状態はVBE下部にドッキングされた状態ですが、タイトル部分をドラッグすることで独立したウィンドウとして利用できるようになります。作業や確認したい内容によって、サイズや位置を調整して使っていきましょう。

039 1行ずつ実行する「ステップ実行」

マクロの内容を1行ずつ実行して確認

　マクロは基本的に、「1行にひと固まりの命令」として書かれています。この「ひと固まりの命令」のことを「**ステートメント**」と呼びます。どんなに分厚い本でも、文章を1行1行積み上げて作られているのと同じように、どんなに長いマクロも、1つひとつのステートメントを積み上げて作られています。

　そしてVBEには、マクロを1ステートメントずつ実行する「**ステップ実行**」の仕組みが用意されています。ステップ実行を利用すると、「作成済みのマクロのコードを1行ずつ実行し、そのコードでどんな動きを自動化しているのかを確認する」というスタイルでマクロが実行できるようになります。

図1：F8 キーでステップ実行を開始する

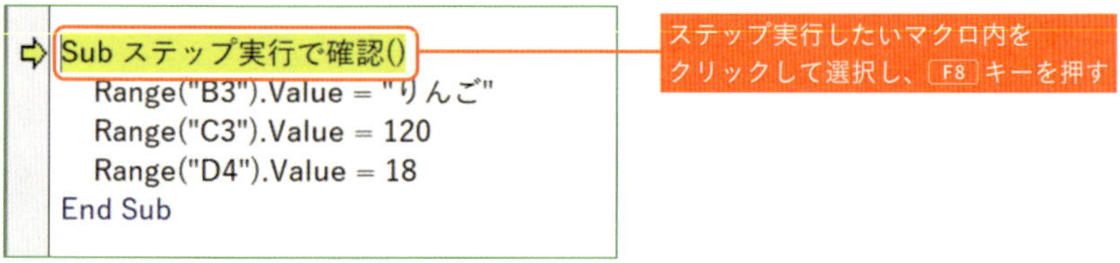

```
Sub ステップ実行で確認()
    Range("B3").Value = "りんご"
    Range("C3").Value = 120
    Range("D4").Value = 18
End Sub
```

ステップ実行したいマクロ内をクリックして選択し、F8 キーを押す

　ステップ実行したいマクロをクリックして選択し、［デバッグ］－［ステップイン］を選択するか、F8 キーを押すと、上図のようにマクロ名部分が黄色くハイライト表示され、実行待機状態になります。

　実行待機状態になったら、F8 キーを押すたびに、1ステートメントずつ処理が実行されていきます。このとき、実行する処理部分はコードウィンドウ左端の矢印型のインジケーターと共にハイライト表示されます。ステップ実行した結果は Alt + F11 キーを押すなどの操作でExcel画面を表示すれば、その場で確認できます。ステップ実行とExcelの処理結果の画面の確認を交互に行うことで、1ステートメントごとの動きを確認できるわけですね。

　また、実行待機状態のときにツールバーの［▶（継続）］ボタンを押すと残りの部分をまとめて実行し、［■（リセット）］ボタンを押すとステップ実行を中止します。

図2：ステップ実行中の操作

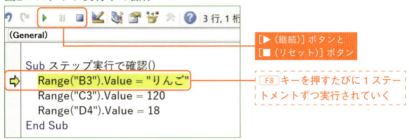

ステップ実行でエラーに現れないミスを突き止める

　ステップ実行はコードの確認だけでなく、ミスした部分を突き止めるのにも役立ちます。意図と違う結果となるマクロをステップ実行していき、原因となっているステートメントを突き止めるのです。

　次の例では、3つのステートメントをステップ実行し、3番目のステートメントが「表をはみ出して入力されている」原因であることを突き止めています。

図3：1行ずつ確認してミスした箇所を突き止める

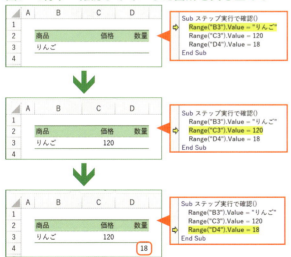

　コードの確認や修正など、いろいろな場面で活用していきましょう。

便利機能　　　　　　　　　　　　　　　　　　　　便利

040 「名前」を基に自動入力して楽をする

図1：長い変数名でも途中まで入力して予測変換できる

途中までタイプして Ctrl + Space キーを押す

　VBEでは、コードのテキストをある程度入力して、Ctrl + Space キーを押すと、残りの部分を予測して自動入力してくれます。

　例えば、「longLongLongName」という長い名前の変数を宣言している場合、「long」まで入力した時点で Ctrl + Space キーを押すと残りの部分は自動入力されます。「変数の名前にはわかりやすい名前を付けたいけど、使うときにタイプするのが面倒だな…」という場合でも、この自動入力機能を知っていれば問題ありません。むしろ、特徴のある長い名前のほうが入力が簡単になることさえあります。

　「名前」の候補が複数ある場合には図2のようにリスト表示されます。

図2：「r」の入力候補

「r」だけ入力して Ctrl + Space キーを押すと「Randomize（関数）」「Range（プロパティ）」「Rate（関数）」などの「Rから始まる名前」のリストが表示されます。矢印キーの上下で入力したい「名前」を選択し、Tab キーを押すと、その名前が入力されます。スマホなどではおなじみの予測変換機能に似た仕組みですね。

自動入力を踏まえて「名前」を整理する

自動入力の仕組みを踏まえると、「名前」の先頭に付ける単語、いわゆる「接頭辞」を意識する命名規則も選択肢に入ってきます。例えば「変数の接頭辞として必ず『my』と付ける」というルールを決めると、変数をコード内で利用するときの作業は「『my』を入力して Ctrl + Space キーを押してリスト内から目的の変数を選ぶ」という作業に統一できます。

図3：統一した接頭辞で変数を宣言するスタイル

統一した接頭辞で変数名を付けておくと、接頭辞だけ入力したあとは自動入力が利用できる

特にマクロの学習を始めたばかりで、キーボードにも不慣れな方は、このスタイルで変数やほかから呼び出すマクロ名、関数名を作成しておくと、変数などを利用したコードが格段に書きやすくなります。最初の1回だけ頑張ってわかりやすい名前をタイプすれば、あとはリストから選ぶだけです。楽をできるところは、楽をしていきましょう。

ここもポイント | **日本語入力がオンになっていると利用できない**

Ctrl + Space キーによる自動入力機能は、日本語入力がオンの状態では使えない点に注意しましょう。このため、変数名や関数名などは、基本的に英数字のみで作成しておくのがおすすめです。
基本的に日本語入力がオフの状態で作業し続けられるように各種の「名前」を付けておくと、自動入力機能を使って快適にコードを作成できます。

便利機能 | 便利

041 | 自動化したい操作をマクロとして記録する

図1：一連の操作をマクロ化する［マクロの記録］機能

［開発］タブに用意されている［マクロの記録］機能

自分が行った操作をマクロ化してくれる［マクロの記録］機能

　オブジェクト、プロパティ、メソッドなどの基本ルールを覚えたけれど、実際に自分が自動化したい作業をするにはどういうコードを書けばいいかがわからない、というときの強い味方が**［マクロの記録］機能**です。

　［マクロの記録］機能は、ワークシート上で行った操作をVBAのコードとして記録することで、同じ操作をいつでも再現できる機能です。つまり、**操作をマクロとして記録し、記録されたコードを見れば、自分が行った操作に対応するコードが確認できる**のです。

　マクロの記録を開始するには、［開発］タブの左側にある**［マクロの記録］ボタン**を押します。すると［マクロの記録］ダイアログが表示されます。

図2：［マクロの記録］ダイアログ

❶ 任意のマクロ名を入力し、［OK］ボタンで記録開始

「マクロ名」欄に任意のマクロ名を入力し、「マクロの保存先」欄が「作業中のブック」であることを確認したら、[OK] ボタンを押します。
　すると、[マクロの記録] ボタンが**[記録終了] ボタン**に変わります。以降、[記録終了] ボタンを押すまでに行った操作が、一連のマクロとして記録されます。

図3：[記録終了] ボタン

記録されたマクロの内容を確認する

　記録したマクロの内容はVBEで確認できます。標準モジュールが自動的に追加され、そこに [マクロの記録] ダイアログで指定した名前のマクロとして、行った操作に対応するコードが順番に記述されます。

図4：記録されたマクロ

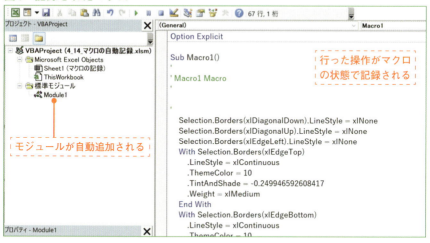

　このコードを調べていけば、自分の行った操作に対応するマクロのコードがわかるわけですね。操作に対応するコードを調べる際のコツは、知りたい操作のみに絞って [マクロの記録] を行い、そのコードを確認するスタイルです。一連の操作をまとめて行うよりも記録されるコードが減り、目的のコードが探しやすくなります。

ステップ実行と組み合わせて画面を見ながら確認

記録した内容を確認するときに有効なのが、ステップ実行と組み合わせた確認です。ExcelとVBEのウィンドウサイズを調整して左右に並べ、記録したマクロを選択して F8 キーを押して、1ステートメントずつステップ実行していきます。

このスタイルであれば、1つひとつのステートメントが、Excelをどう操作するのかを確認しながらマクロの内容を理解できます。便利ですね！

図5：ExcelとVBEを左右に並べてステップ実行

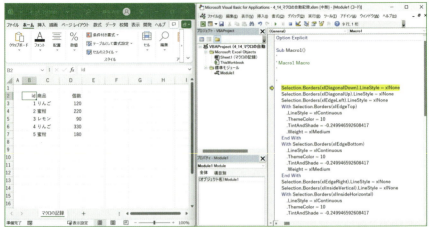

ExcelとVBEを並べて表示し、ステップ実行しながらコードと実行結果の関係を把握していく

この「マクロの記録→確認」というスタイルができるため、VBAは初心者が自分で学習を進めやすいプログラム語として評価されている側面があるくらいです。どんどん活用していきましょう。

ここもポイント ｜ ⊞ ＋矢印キーで並べる

画面を並べる際、個別にウィンドウサイズを調整するのが面倒な場合は、⊞ ＋矢印キーを使ったウィンドウの整列機能がお手軽です。
Excelを選択して ⊞ ＋← キーで、画面の左半分にExcel画面が表示されます。さらに、VBEで ⊞ ＋→ キーを押せば、VBEが右半分に表示されます。
元に戻すには、それぞれ ⊞ ＋逆向きの矢印キーを押します。ノートPCなどの画面の小さい環境では特に便利な方法です。お試しを。

Chapter 5

面倒なデータ入力を一瞬で終える

本章からは具体的な作業に対応するマクロをご紹介していきます。まずは、面倒なデータ入力に活用できるマクロたちです。

決まった文字列や数値や日付などの入力作業のように、難しい作業というわけではないのですが、量が多く気を抜くとうっかりミスが起きやすい作業でもあります。そんな場合でもマクロを利用すれば、ミスなく一発で作業を終了できます。

また、データ入力に関するマクロはシンプルなものがほとんどです。自分の作業の自動化に役立つものはないかな、と物色しながら、あわせてマクロの基本的な書き方にも注目し、「マクロってこういう感じで作るんだな」という感触をつかんでください。

それでは、見ていきましょう。

値や数式の入力　　　　　　　　　　　　　　　　　　　　基本 ミス減 5行以内

042 | 会社の住所や連絡先を一発で入力する

図1：会社の住所や連絡先を一発で入力する

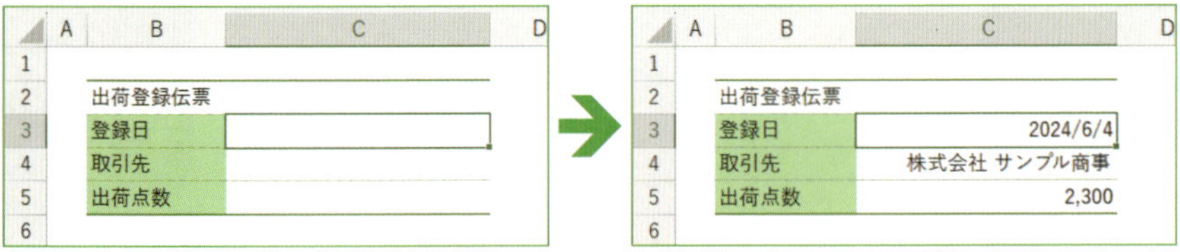

マクロを実行すると、決まった値が決まった位置のセルに入力される

📝 マクロでセルに値を入力する

マクロでセルに値を入力するには、操作対象とするセルを指定し、**Value プロパティ**で値を代入します。

セルを指定してValueプロパティで値を入力
対象セル.Value = 値

マクロを使ってセルに値を代入できるようになると、キーボードで入力するには長すぎる文字列をさっと手軽に入力したり、名前・住所・電話番号などの一連の値をスタンプを押すような感覚で手軽に入力したりといった操作を一気に行えます。また、「現在選択しているセル」を操作対象としたいときは、「**Selectionプロパティ**」を利用します。

「現在選択しているセル範囲」はSelectionプロパティで取得
Selection.Value = 値

さらに、特定のセルを起点として、「1行下」「1列右」など、行や列がいくつずつ離れているかを引数に設定して操作対象のセルを指定したいときは「**Offsetプロパティ**」が便利です。

「起点セルから指定オフセット数離れたセル」はOffsetプロパティで取得
起点セル.Offset(行オフセット数, 列オフセット数).Value = 値

そのほかにも、操作対象のセルの指定にはいろいろな方法が用意されてい

ます。目的に合う方法を利用してみてください。

セルの「決め打ち」と「今のセル」の使い分け

セルに値を入力してみましょう。「セルC3に入力する」など、セルを指定して入力するには次のようなコードを記述します。今回はDate関数を利用して「実行時の日付」を入力してみました。

セルC3に実行時の日付を入力する　　　5-42：マクロでセルに値を入力する.xlsm

```
01  Sub 指定したセルに値を入力()
02      Range("C3").Value = Date
03  End Sub
```

図2：マクロの実行結果

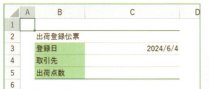

指定セルに値が入力された

現在選択しているセルを起点に一連の値を入力したい場合は、SelectionやOffsetプロパティを利用して対象セルを指定していきます。

現在選択しているセルを起点に値を入力　　　5-42：マクロでセルに値を入力する.xlsm

```
01  Sub 現在のセルを起点に値を入力()
02      Selection.Value = Date
03      Selection.Offset(1, 0).Value = "株式会社　サンプル商事"
04      Selection.Offset(2, 0).Value = 2300
05  End Sub
```

図3：マクロの実行結果

現在選択しているセルを起点に一連の値を入力できた

なお、Offsetプロパティで起点セルから「上」や「左」のセルを指定したい場合には、マイナス値を指定します。「Selection.Offset(-1, -2)」は、選択セルの1行上、2列左のセルを対象に指定します。

値や数式の入力 　　　　　　　　　　　基本 ミス減 5行以内

043 | 数式や関数を簡単に入力する

■ マクロでセルに数式を入力する

マクロでセルに数式を入力するには、セルを指定し、「**Formula**プロパティ」にイコールから始まる式を文字列の形で代入します。

セルに数式を入力する際の構文
対象セル.`Formula = 式の文字列`

見積書などの帳票では、取引先との交渉によって、数式を使った計算結果よりも値引きし、値引き後の値を手入力することがあります。この場合、元の数式は失われます。その後、似た案件に再利用した際に気が付かず使ってしまい、数式で計算しているつもりが、前の手入力データのままで作成してしまった、というようなミスが起きてしまいます。

そこでマクロの出番です。決まったセルに決まった数式を自動入力して復活させるマクロを用意しておけば安全です。長くて複雑な数式でも、手入力やコピーによる入力よりも、素早く、ミスなく数式を復元できますね。

■ 特定のセルに計算式を入力

まずは関数を使わない数式から挑戦しましょう。セルを指定し、Formulaプロパティに**数式の文字列**を代入します。全体を「"（ダブルクォーテーション）」で囲んで文字列にしないとエラーになるので注意しましょう。

セルD3に数式を入力　　　　　　　　　5-43：マクロでセルに数式を入力する.xlsm

```
01  Sub 指定したセルに数式を入力()
02      Range("D3").Formula = "=B3*C3"
03  End Sub
```

図1：マクロの結果

関数式も基本的に書き方は同じですが、数式内でダブルクォーテーションを使うときは注意が必要です。文字列を作る「"」と区別が付くように「""」と入力しないといけません。Excelでよく使う「A1<>""」のような空白チェックの数式は、マクロ内では「A1<>""""」と、4つのダブルクォーテーションを並べる形になります。

次のマクロは、セル範囲E4:E8に「=IF(D4<>"",C4*D4,"")」という関数式を入力します。

指定したセル範囲に関数式を入力　　　5-43：マクロでセルに数式を入力する.xlsm

```
01  Sub 指定したセル範囲に関数式を入力()
02      Range("E4:E8").Formula = "=IF(D4<>"""",C4*D4,"""")"
03  End Sub
```

図2：マクロの結果

①数式が上書きされてしまっている状態

②マクロで数式を一括修正

単一セルではなく、セル範囲に対して数式を入力した際には、相対参照部分のセル参照は、自動的に参照先を更新した数式が入力されます。図2では、セルE5には「=IF(D5<>"",C5*D5,"")」、セルE6には「=IF(D6<>"",C6*D6,"")」と関数式が入力されます。オートフィル機能などでコピーするときと同じ感覚で入力できるわけですね。一括入力したいときに便利な仕組みです。

> **ここもポイント　スピル形式の数式はFormula2プロパティ**
>
> 結果を「あふれて」表示するスピルの仕組みを持つ数式を入力する際には、**Formula**プロパティではなく、**Formula2プロパティ**を利用します。例えば、セルA1にSEQUENCE関数を利用する数式を入力するには、「Range("A1").Formula2 = "=SEQUENCE(10)"」のように記述します。

値や数式の入力　　　　　　　　　　　　　　　　　便利

044 | 複雑な相対参照の関数・数式を瞬時に入力する

図1：「2つ左」と「1つ左」を参照する数式を作成したい

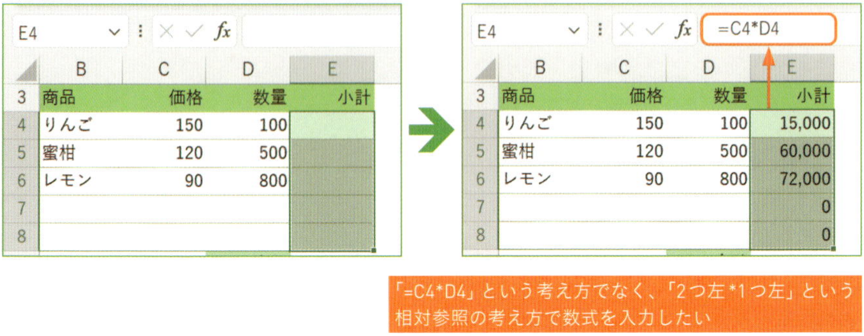

「=C4*D4」という考え方でなく、「2つ左*1つ左」という相対参照の考え方で数式を入力したい

■ マクロからセルへと相対参照形式で数式を入力する

　伝票形式のシートでは、1行に単価、個数、小計と列が並ぶ表がよくありますよね。この小計の列に単価の列×個数の列の数式を入力したい、というケースもよくあるでしょう。

　このような、「任意の列のセル範囲に、ほかの列の値を使った計算式を入力したい」ケースでは、具体的なセル番地で数式を考えるよりも、「2つ左の列と、1つ左の列を使った数式を作りたい」など、**相対参照形式**で考えたほうが混乱せずに式を作成できます。

　相対参照形式は、別名「**R1C1形式**」とも言い、式を入力するセルと、目的のセルの相対的な位置関係を、「**R【行オフセット数】C[列オフセット数]**」というルールで記述する式です。「R」(Row)が「行」、「C」(Column)が「列」というわけですね。「R [1] C [2]」は、「1行下・2列右」のセル、「R [-1] C [-2]」は、「1行上・2列左」のセルとなります。

　そしてVBAは、「**FormulaR1C1プロパティ**」に相対参照形式の数式を代入することで、数式を入力できるようになっています。

相対参照形式で数式を入力する構文
```
対象セル.FormulaR1C1 = 相対参照形式の数式
```

102

▣ セル範囲E4:E8の「小計」列に数式を入力

　セル範囲E4:E8の「小計」列のセルに対し、2列分左のセルと、左隣のセルをかけ算する数式をR1C1形式で考え、FormulaR1C1プロパティに代入してみましょう。

「小計」列に相対参照形式で数式を入力　　5-44：相対参照形式で数式を入力する.xlsm

```
01  Sub  セル範囲に相対参照で数式を入力()
02      Range("E4:E8").FormulaR1C1 = "=R[0]C[-2]*R[0]C[-1]"
03  End Sub
```

図2：マクロの結果

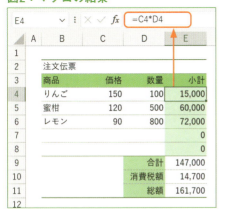

「=R[0]C[-2]*R[0]C[-1]」という相対参照（R1C1）形式で数式を入力できた。なお、シート上での数式の表示形式は、Excelの設定に沿った形式で表示される

　結果を見てみると、きちんと相対参照形式で指定した数式が入力されていますね。なお、Formulaプロパティで数式を入力しても、FormulaR1C1プロパティで数式を入力しても、シート上での数式の表示形式は、Excelの設定に沿った形式で表示されます。

> **ここもポイント｜相対参照形式の簡略表記**
>
> 相対参照形式では、「同じ行」は「R[0]」、「同じ列」は「C[0]」で表しますが、この表記はそれぞれ「R」「C」と省略可能です。つまり、
>
> ```
> =R[0]C[-2]*R[0]C[-1]
> ```
>
> という式であれば、次のような簡略表記が可能です。
>
> ```
> =RC[-2]*RC[-1]
> ```
>
> 好みに応じて使い分けてみましょう。

ワークシート関数の利用 　　　　　　　　　　　　　　　　　基本 便利

045 | VBAでワークシート関数を利用する

図1：マクロからもワークシート関数を使いたい

> マクロからも使い慣れているワークシート関数を使いたい

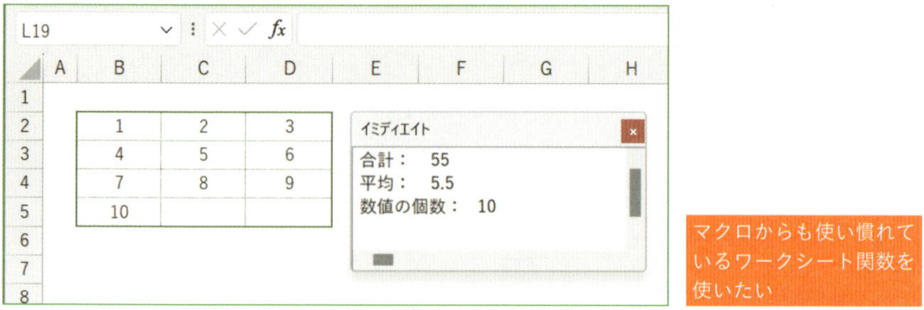

使い慣れている関数をマクロからも使いたい

　Excelを使う際にマクロだけを利用されている方はいないでしょう。ほぼすべての方が、普段からワークシート関数を利用していると思います。マクロ作成中も「この計算、ワークシートだったら楽なのになあ」という場面に遭遇します。そんなときは「**WorksheetFunctionオブジェクト**」の仕組みを利用します。

　WorksheetFunctionは、ワークシート関数と同名で、同じように引数を指定し、同じ計算結果を返してくれる各種のメソッドが用意されています。ざっくり言うと、以下の構文でマクロ内でもワークシート関数と同じ計算結果が得られます。

WorksheetFunctionオブジェクトを使った構文
```
WorksheetFunction.ワークシート関数名(引数)
```

　ただ、同じ計算ができるといっても、VBAのコードとして記述していくため、セル参照は「B2:D5」のように参照文字列で指定するのではなく、Rangeオブジェクトとして「Range("B2:D5")」のように記述します。

　また、Excelはバージョンごとに利用できるワークシート関数が異なります。どの関数が利用できるかは、「WorksheetFunction」に続けて「.（ドット）」を入力すると、その環境で利用できるワークシート関数がリスト表示されま

す。このリストに表示されている関数であれば利用できます。

図2：ヒント入力で関数を選べる

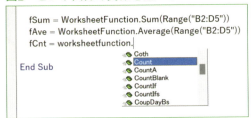

「WorksheetFunction.（ドット）」まで入力すると、利用できるワークシート関数がリスト表示される

ただし、マクロを実行するのが別のPCの場合には、実行するPCの環境によって利用できない場合がある点には注意しましょう。

ワークシート関数で合計・平均・数値の個数を計算する

次のマクロは、セル範囲B2:D5に入力されている値を基に、マクロでSUM、AVERAGE、COUNT関数を使って計算した結果を出力します。なお、SUM関数だけは、セル参照に加え「1000」という数値を引数に加えています。

ワークシート関数を使って計算を行う　　5-45：ワークシート関数を利用する.xlsm

```
01  Sub ワークシート関数の利用()
02      Dim fSum, fAve, fCnt
03      'ワークシート関数を利用して計算し、[イミディエイト]ウィンドウに結果を出力
04      fSum = WorksheetFunction.Sum(Range("B2:D5"), 1000)
05      fAve = WorksheetFunction.Average(Range("B2:D5"))
06      fCnt = WorksheetFunction.Count(Range("B2:D5"))
07      Debug.Print "合計:", fSum
08      Debug.Print "平均:", fAve
09      Debug.Print "数値の個数:", fCnt
10  End Sub
```

図3：マクロの結果

ワークシート関数をマクロから利用して計算できた

046 | VBAでスピル系のワークシート関数を利用する

図1：スピル系のワークシート関数をマクロから利用

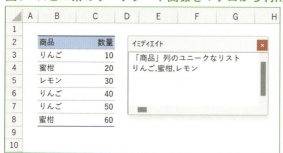

UNIQUEワークシート関数をマクロからも利用してユニークなリストを取得したい

「あふれて」結果を表示する関数をマクロから利用する

　Excel 2021以降で利用できるXLOOKUPワークシート関数を始めとする、計算結果を複数のセルに「あふれて」表示する関数もマクロから利用できますが、結果が**二次元配列**という形式で返されるため、利用方法に少しクセがあります。

　二次元配列とは、シート上のセルのように、データを「縦3列×横5列のデータ」といった形式で扱える仕組みです。そのため、受け取った結果を扱う際も、二次元配列の操作方法を知っておく必要が出てきます。本書では扱いませんが、興味のある方は調べてみてください。

UNIQUE関数やSORT関数をマクロから利用する

　二次元配列の詳しい解説は省いて、とりあえず二次元配列を返すワークシート関数をマクロから利用するコードをいくつかご紹介します。「こんな風に使えるんだな」と、使い方のイメージをつかむヒントにしてください。

　手軽に扱うためのコツは、「結果が1行、もしくは1列の状態になるように関数を利用する」「1行、もしくは1列の結果を、配列の向きを変換する**『TRANSPOSEワークシート関数』**で変換すると、1次元配列のように使える配列になる」という仕組みを利用します。

UNIQUE関数でユニークなリストを作成

実際にUNIQUEワークシート関数をマクロから利用してみましょう。次のマクロは、セル上の表の「商品」列のデータから、ユニークな値のリストを作成します。少々長いですが、いろいろな値の取り出し方をしています。

UNIQUE関数をマクロから使ってみる　5-46：スピル系のワークシート関数を利用する.xlsm

```
01  Sub UNIQUEを利用()
02      'セル上の表の「商品」列のデータからユニークなリストを取得
03      Dim list
04      list = WorksheetFunction.Unique(Range("B3:B8"))
05      '二次元配列の結果のまま値を取り出す
06      Debug.Print "1行目・1列目の値:", list(1, 1)
07      Debug.Print "2行目・1列目の値:", list(2, 1)
08      '縦1列の配列なのでTRANSPOSEワークシート関数で変換
09      list = WorksheetFunction.Transpose(list)
10      '一次元配列として扱えるようになる
11      Debug.Print "ユニークなリスト:", Join(list, ",")
12      Debug.Print "1番目の値:", list(1)
13      Debug.Print "メンバー数:", UBound(list)
14  End Sub
```

図2：マクロの結果

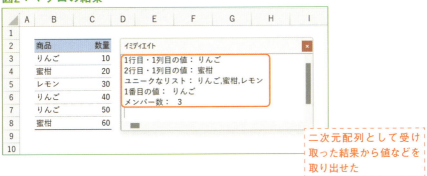

二次元配列として受け取った結果から値などを取り出せた

本書では、詳しい解説はしませんが、興味のある方はコードと実行結果を見比べて、結果の受け取り方や取り出し方などを調べてみてください。利用する関数によっては、VBAだけでは作るのが面倒な処理を、簡単に作成できることも多々ある、「難しいけれどわかると超便利な仕組み」なのです。

日付の計算と入力　　　　　　　　　　　　　　　　　　　基本 便利

047 | 日付値から曜日の文字列を得る

マクロで日付書式を扱う

　セルに入力した日付値は、書式（表示形式）の設定により、和暦表記にしたり、曜日表示したり、表示形式を変化させることができますが、VBAでもこの仕組みを利用するには、「**Format関数**」を利用します。
　Format関数は、1つ目の引数に指定した値を、2つ目の引数に指定した書式に変換した結果を返します。

Format関数の構文

```
Format(数値や日付値, "表示形式文字列")
```

　表示形式文字列は、セルの書式を「ユーザー設定」で設定するときとほぼ同じルールで指定可能です。表示形式文字列次第で、さまざまな表記で値を取り出せますね。

表1：表記と対応する表示形式文字列（抜粋）

表記	表示形式文字列	表記	表示形式文字列
西暦	yyyy、yy	月	m、mm
和暦	ggge、gge、ge	日	d、dd
曜日	aaaa、aaa	時：分：秒	hh:mm:s

　実際にFormat関数を使って日付から曜日の情報を取り出してみましょう。次のマクロは日付値から和暦と曜日の情報を取り出して表示します。

日付値から和暦と曜日の情報を取り出す

5-47：マクロで日付値を扱う.xlsm

```
01  Sub 日付値から和暦と曜日の情報を取得()
02      '2024年12月11日の日付値を変数に代入して情報を取り出す
03      Dim baseDate
04      baseDate = #12/11/2024#
05      MsgBox baseDate & "は、" & Format(baseDate, "ge.m.d")
06      MsgBox baseDate & "は、" & Format(baseDate, "aaaa")
07  End Sub
```

図1：マクロの結果

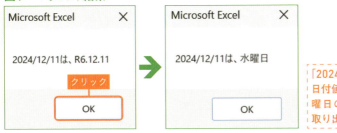

「2024年12月11日」の日付値を基に和暦表記と曜日の表記の文字列を取り出せた

同じ日付値から、指定した表示形式文字列に応じた形で情報が取り出せていますね。日付値から各種情報を取得したい場合に利用していきましょう。

日付に関するワークシート関数をVBAで利用する

Excelには日付値を扱うワークシート関数が多数用意されています。これらはWorksheetFunctionオブジェクトの仕組み（P.104）を利用すればマクロ内でも利用できます。例えば、稼働日ベースでの計算を行う「NETWORKDAYS.INTLワークシート関数」を使う場合には、次のようにコードを記述します。

日付を扱うワークシート関数をマクロから利用　　5-47：マクロで日付値を扱う.xlsm

```
01  Sub 日付を扱うワークシート関数を利用()
02      'NETWORKDAYS.INTLワークシート関数で稼働日計算
03      Dim operationDays
04      operationDays = WorksheetFunction. _
05          NetworkDays_Intl(#12/1/2024#, #12/20/2024#, "0010011")
06      Debug.Print "稼働日数:", operationDays
07  End Sub
```

図2：マクロの結果

「2024年12月1日～2024年12月20日」間の「水・土・日休み」ルールでの稼働日数を計算できた

これで「水・土・日休み」ルールでの「2024年12月1日～2024年12月20日」の稼働日数が計算できます。自分で同じ計算をしようとするとなかなか大変ですが、簡単ですね。「あのワークシート関数で取得できる日付値絡みの計算結果が欲しいなあ」という場合には、この仕組みを使って計算を行いましょう。

日付の計算と入力　　　　　　　　　　　　　便利　ミス減

048 | 10日後や10カ月後の日付を得る

図1：マクロで10日後や10カ月後の日付を計算

	A	B	C
1			
2		基準となる日付	2024/6/25
3		10日後	
4		10カ月後	
5			

→

	A	B	C
1			
2		基準となる日付	2024/6/25
3		10日後	2024/7/5
4		10カ月後	2025/4/25
5			

基準日の日付から「10日後」「10カ月後」などの日付値を計算したい

■ マクロでシリアル値ベースの計算を行う

　任意の日付を基に、「10日後」「10カ月後」などの日付を求める場合に便利なのが、「**DateAdd関数**」です。DateAdd関数は1つ目の引数に指定した方式で、3つ目の引数に指定した日付に、2つ目の引数の値の分だけ加算した日付を返します。

DateAdd関数の構文

```
DateAdd(計算対象, 加算数, 日付)
```

表1：1つ目の引数に指定する文字列と対応する計算対象（抜粋）

計算対象	文字列
年	yyyy
月	m
日	d

　計算対象を指定する文字列には、いくつかのパターンを指定できますが、「**年（yyyy）**」「**月（m）**」「**日（d）**」の**3種類**を押さえておきましょう。
　また、DateAdd関数はシリアル値ベースで計算するため、月や年をまたぐ場合でも、きちんと翌月や翌年の日付を得ることができます。シリアル値を使わないと「12月5日の1カ月後は13月5日」など、現実には存在しない日付を生み出してしまうことがありますが、そんな心配は無用です。

セルに入力された日付の10日後、10カ月後の日付を得る

　次のマクロはセルC2の日付を基準として、10日後と10カ月後の日付値を計算し、セルC3とセルC4に入力するマクロです。5行目と6行目のDateAdd関数の第2引数と第3引数は同じ値ですが、第1引数を「"d"」にするか「"m"」にするかで、異なる結果が得られていることがわかります。

日付計算を行う　　　　　　　　　　　　　　　　5-48：日付値の計算.xlsm

```
01  Sub 日付の計算()
02      '基準となる日付をセルC2から変数baseDateに代入
03      Dim baseDate
04      baseDate = Range("C2").Value
05      '10日後、10カ月後の日付を計算
06      Range("C3").Value = DateAdd("d", 10, baseDate)
07      Range("C4").Value = DateAdd("m", 10, baseDate)
08  End Sub
```

図2：マクロの結果

シリアル値ベースで、月や年をまたぐ日付の計算ができた

ここもポイント　「10日前」や「10カ月前」の日付を求めるには

DateAdd関数を利用して、「10日前」や「10カ月前」の日付を求めるには、2つ目の引数に負の値を指定します。例えば、次のコードは、「2025年1月4日」の「10日前」の日付を求めて出力します。

```
Debug.Print DateAdd("d",-10,#1/4/2025#)
```

マイナス値を使って基準日の日付から「10日前」の日付値を計算できた

日付の計算と入力　　　　　　　　　　　　　便利　ミス減

049 | 月初日や月末日を得る

図1：月初日や月末日を求める

	A	B	C
1			
2		基準となる日付	2024/2/18
3		月初日	
4		月末日	
5			

→

	A	B	C
1			
2		基準となる日付	2024/2/18
3		月初日	2024/2/1
4		月末日	2024/2/29
5			

> 基準日の日付を基に月初日と月末日を計算したい

📄 日付値から必要な情報だけ取り出して再計算する

　月初日や月末日というのは、特に経理絡みの作業で頻繁に利用します。任意の日付を基準に月初日や月末日を求めるには「**DateSerial関数**」が便利です。DateSerial関数は、引数に「年」「月」「日」の3つの数値を渡すと、その数値を基にシリアル値を返す関数です。

DateSerial関数の基本構文
```
DateSerial(年, 月, 日)
```

　また、特定の日付値から「年」「月」「日」の数値を取り出すには、それぞれ「**Year関数**」「**Month関数**」「**Day関数**」を利用します。これらはワークシート関数に同名のものが用意されているので、イメージしやすいですね。
　この2つの仕組みを組み合わせると、月初日や月末日が取得できます。月初日は、基準日の月の「1日」のシリアル値を求めます。

DateSerial関数で基準日の月初日を求める構文
```
DateSerial(Year(基準日), Month(基準日), 1)
```

　また、DateSerial関数は、「年」「月」「日」に指定した値を「繰り越して」計算する仕組みになっています。例えば、「月」の数値に「13」と指定すると、「翌年の1月」に繰り越して計算を行ってくれます。この仕組みを利用すると、次のコードで、必ず基準日の「1カ月後」の月初日を得られます。

基準日の1カ月後を求める構文
```
DateSerial(Year(基準日), Month(基準日)+1, 1)
```

　この繰り越しはマイナス方向にも適用されます。日付値として「0」を指定すると、それは「1日」の「前の日」、つまり「前月の月末日」と繰り越し計算を行います。この仕組みを利用すると、次のコードで、必ず基準日の「月末日」を得られます。

DateSerial関数で基準日の月末日を求める構文
```
DateSerial(Year(基準日), Month(基準日)+1, 0)
```

セルの値を基に月初日や月末日を求める

　実際に月初日と月末日を求めてみましょう。次のマクロはセルC2の日付を基準とし、月初日、月末日、そしていわゆる「締め日」を「2カ月後の月末日」として計算し、求めています。

セルの値を基に各種の日付を計算　　　　　　5-49：月初日と月末日の取得.xlsm

```
01  Sub 各種日付の計算()
02      '基準となる日付をセルC2から変数に代入し、各種日付を計算
03      Dim baseDate
04      baseDate = Range("C2").Value
05      Range("C3").Value = _
06   DateSerial(Year(baseDate),Month(baseDate), 1)
07      Range("C4").Value = _
08   DateSerial(Year(baseDate),Month(baseDate) + 1, 0)
09      Range("C5").Value = _
10   DateSerial(Year(baseDate),Month(baseDate) + 3, 0)
11  End Sub
```

図2：マクロの結果

	A	B	C
1			
2		基準となる日付	2024/11/18
3		月初日	2024/11/1
4		月末日	2024/11/30
5		締め日	2025/1/31
6			

> 基準日の日付を基にDateSerial関数の繰り越しの仕組みなどを使って各種の月初日・月末日が計算できた

　DateSerial関数で、「月」の値に対象月を、「日」に「1」「0」のいずれかを記入することで月初日か月末日をコントロールし、取得しましょう。

データの自動入力 [基本][タイパ]

050 | 30%の確率で「当選」と入力するシミュレーションを行う

図1：30%の確率で「当選」と入力

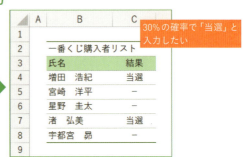

30%の確率で「当選」と入力したい

マクロでセルにランダムな結果を入力する

　Excelで確率を使ったランダムなシミュレーションを行いたい場合には、「**Rnd関数**」が便利です。Rnd関数は、実行するたびに、決められた乱数表に従って、0以上1未満のランダムな値を返す関数です。この仕組みを利用すると、任意のパーセンテージで2つの値のうちいずれかを取得できます。

Rnd関数を使って任意の確率で値を取得する構文
```
IIf(Rnd<確率を表す小数値, 選択肢A, 選択肢B)
```

　「**IIf関数**」は、IFワークシート関数のVBA版といった関数で、1番目の引数に指定した条件式を満たすときは2番目の引数の値を、そうでない場合は3番目の引数を返す関数です。

IIf関数の構文
```
IIf(条件式, 真の場合の値, 偽の場合の値)
```

　実際に、「確率30%で、"当選"という値を返し、それ以外は"落選"を表す「－」という値を返す」コードを作成してみましょう。30%を小数で表すと0.3なので、次のようなコードとなります。

30%の確率で「当選」を返し、70%の確率で「－」を返すコード
```
IIf(Rnd < 0.3, "当選", "－")
```

指定セル範囲に30%の確率で「当選」と入力

次のマクロでは、セル範囲C4:C8に対して、実行するたびに30%の確率で「当選」、それ以外は「－」と入力します。Rnd関数の仕組みと、セル範囲に対するループ処理（P.58）を組み合わせて利用しています。

指定セル範囲に30%の確率で「当選」と入力　　　　5-50：乱数を使った関数.xlsm

```
01  Sub 当選結果入力()
02      Dim rng
03      Randomize      '乱数表の初期化
04      For Each rng In Range("C4:C8")
05          rng.Value = IIf(Rnd < 0.3, "当選", "－")
06      Next
07  End Sub
```

図2：マクロの結果

実行するたびに30%の確率で「当選」と入力される

なお、マクロ内では、最初にRnd関数を利用する前に、「**Randomizeステートメント**」を記述しておきます。Randomizeは乱数表を初期化する命令です。記述しておくことで、「トランプのカードをシャッフルしてから配る」ようなイメージで、乱数の結果を毎回偏りなく利用できるようになります。

ここもポイント　「必ず2人当選させる」には？

本文中のマクロは「各人が30%の確率で当選する」という仕組みなので、時には誰も当選しない場合や全員当選する可能性もあります。そうではなく、「必ず2人が当選する」としたい場合はもう少し込み入った仕組みが必要になります。具体的なコードを知りたい方は、サンプルブックを参照してください。

データの自動入力　　便利

051 セル範囲にまとめてデータを入力する

図1：カード形式のデータを表形式で一括入力したい

	A	B	C	D	E	F	G	H	I	J	K
1											
2		カード型の入力範囲					テーブル形式の記録範囲				
3		ID	5	登録日	6月25日		ID	氏名	フリガナ	年齢	登録日
4		氏名	佐々木　陽	フリガナ	ササキ　ヨウ		1	新藤　昭義	シンドウ　アキヨシ	43	6月15日
5		年齢	18				2	欠端　嗣元	カケハタ　ツグモト	26	6月18日
6							3	遠藤　七瀬	エンドウ　ナナセ	34	6月19日
7							4	二浦　月渚	ニウラ　ルナ	22	6月22日
8											
9											
10											

さまざまな形式のデータを、各種便利機能が利用できる表形式の状態で転記したい

マクロで任意のセル範囲に値を一括入力する

　フィルターやピボットテーブルなどの便利機能を利用するには、基のデータを表形式で入力する必要があります。一方、データ入力時には、表形式ではなく、既存の帳票を模したカード形式で入力したいこともあります。

　このような場合、カード形式のデータを、「1行に1件分のデータ」という表形式のルールに沿って転記する必要があります。

　この転記作業のマクロを作ってみましょう。シンプルに考えるのであれば、表形式側の1つひとつの列のセルに対して、列数の分だけ対象セルのValueプロパティに値を設定していけばいいでしょう。

　しかし、もうちょっと楽な方法があります。実は、任意のセル範囲を扱うRangeオブジェクトのValueプロパティに対して、**Array関数**でまとめた一連の値を代入すると、まとめて値を入力できます。

指定セル範囲にまとめて値を入力できる構文
```
セル範囲.Value = Array(1列目の値, 2列目の値, …)
```

　Array関数の引数には、入力したい列の分だけの値を、カンマで区切って列記します。5セル分だろうが10セル分だろうが、まとめて入力可能です。1つひとつ値を設定していくのと比べると手軽ですね。

カード形式のデータをセル範囲G8:K8に入力する

本来Array関数は、データを連続的に並べて1つの変数で扱えるようにする「配列」を作る関数です。つまり、連続するセル範囲に配列を代入すると、複数の値を一括で入力できるということです。ここではArray関数で、ID、氏名、フリガナ、年齢、登録日の5つの値を持つ配列を作成し、それをセル範囲G8:K8のValueプロパティに代入することでデータを入力しています。

指定セル範囲に値をまとめて入力　　　　　5-51：セル範囲にまとめて入力.xlsm

```
01  Sub 新規レコード追加()
02      '表形式のデータに新しいレコードを1件追加
03      Range("G8:K8").Value = Array( _
04          Range("C3").Value, _
05          Range("C4").Value, _
06          Range("E4").Value, _
07          Range("C5").Value, _
08          Range("E3").Value _
09      )
10  End Sub
```

図2：マクロの結果

5つのデータをひとまとめにして表形式のデータとして転記できた

入力対象のセルは「表の新規データ入力行」を自動指定することも可能です。具体的なコードはサンプルを確認してください。

ここもポイント ｜ 1行のコードを改行して整理する

コードの途中で「 _（半角スペース＋アンダーバー）」を入れると、1行のコードを複数行に改行して記述できます。1行が長すぎる場合や、本文中のように、引数に指定する値の1つひとつに改行を入れると見やすくなりますね。

コピー&ペースト　　　　　　　　　　　　　　　　　基本 ミス減

052 | よく使う表のパターンを
マクロでコピーする

図1：列幅を反映しないまま表をコピーした結果

列幅や書式の設定がされた表を、ほかの場所でも再利用したい

列幅のコピーを忘れてしまった

■ マクロで列幅も含めてコピーする

　書式や罫線、数式をきっちり設定した表をコピーして再利用する機会は多いでしょう。単純にコピー&ペーストしただけでは、列幅はコピーされません。列幅までコピーするには、オプションメニューでの操作が必要です。

　ただ、手動でコピーを行うとコピーモードが継続してしまい、コピー元のセル範囲に点線が残ったり、うっかり Enter キーを押して意図していない場所にコピーを繰り返してしまったりするなどの「事故」が起きやすくなります。

　そこで、マクロを利用して列幅も含むコピー操作とコピー解除を、まとめて行えるようにしましょう。クリップボードにコピーした内容を、任意のセルを起点に貼り付けるには、「**PasteSpecialメソッド**」を利用します。

PasteSpecialメソッドの構文
```
起点セル.PasteSpecial Paste:=貼り付け方法を指定する組み込み定数
```

　また、コピーモードを解除するには、「**CutCopyModeプロパティ**」に「False」を代入します。

コピーモードを解除する構文
```
Application.CutCopyMode = False
```

列幅も含めてコピーしたあとにコピーモードを解除

元の表をコピーし、貼り付けたい場所を選択した状態で次のマクロを実行すると、列幅も含めて貼り付けた上で、コピーモードを解除します。

列幅も含めてコピーしたあとにコピーモードを解除　　5-52：列幅も含めてコピー.xlsm

```
01  Sub 列幅も含めてコピー()
02      '列幅コピー→すべてコピーの順でコピーを行う
03      ActiveCell.PasteSpecial Paste:=xlPasteColumnWidths
04      ActiveCell.PasteSpecial
05      'コピーモードを解除
06      Application.CutCopyMode = False
07  End Sub
```

図2：マクロの結果

	G	H	I	J	K	L
1						
2		ID	商品	価格	数量	小計
3		1	SDカード 64GB	2,200	3	6,600
4		2	SDカード 128GB	3,900	2	7,800
5		3	USBケーブル 2m	420	5	2,100
6		4	結束バンド	120	20	2,400
7		5				
8						

> セルH2を選択してマクロを実行した結果、アクティブセルを起点に列幅を含めてコピーできた

　最初のポイントは、「現在選択しているセル（アクティブセル）」へのセル参照を、「**ActiveCellプロパティ**」を使って取得し、そこを起点にPasteSpecialメソッドで貼り付けを行っている点です。

　続いて、**PasteSpecialメソッドの引数「Paste」に組み込み定数「xlPasteColumnWidths」を指定し「列幅」オプションで貼り付け**を行います。その上で、引数を指定せずにもう一度PasteSpecialをメソッドを実行して、「すべて」オプションで貼り付けています。これで列幅を含めたコピーの完成です。

　最後に、**CutCopyMode**プロパティ「False」を代入し、コピーモードを解除しています。「いつもの一連の操作」をミスなく一発で実行できましたね。

> **ここもポイント　Excel全体の設定の多くはApplicationから指定**
>
> コピーモードの設定などの「Excel全体に関する設定」の多くは、「Application.設定に対応したプロパティ = 新しい値」の形で設定していきます。全体設定は、Applicationオブジェクトに集められているわけですね。

053 数式を一発で値に置き換える

図1：数式から計算結果の「値」に変換する

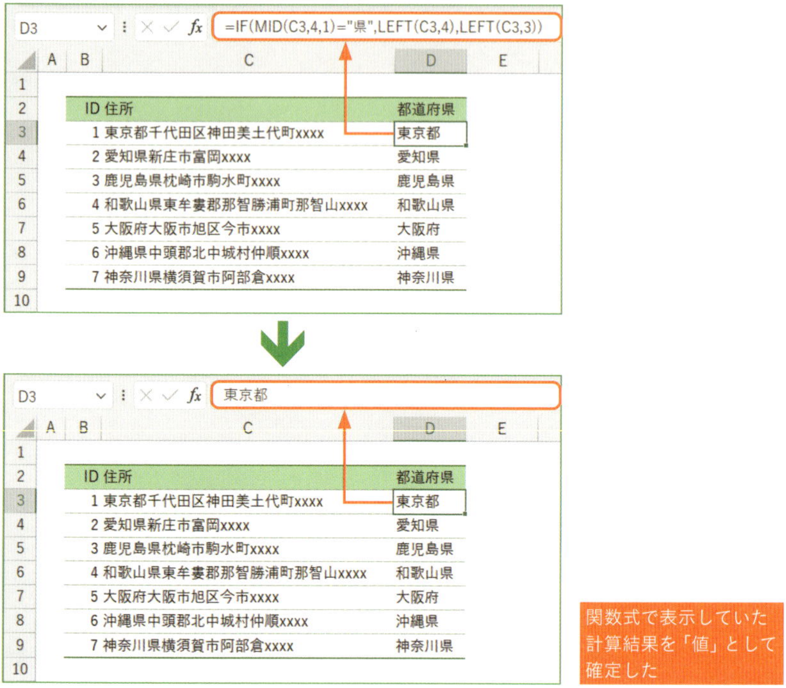

マクロで数式を結果の値に一括変換

　シート上で数式や関数式を利用して計算を行ったり、値を取り出したりする場合、最終的に必要なのは「値」そのものであり、計算式は特に必要ないことがあります。例えば、「住所から都道府県名を取り出す」「消費税の計算を行う」などは、あとで数式を再利用するつもりがなければ、「値」のみを確定してしまったほうが、計算処理の少ない「軽い」ブックになります。

　また、実際の取引を記録した伝票であれば、変更される可能性のある数式ではなく、取引時の実際の数値を確定しておいたほうが、より正確な書類となるでしょう。そこでマクロを使って一括で数式を結果の値に「確定」して

しまう仕組みを作成してみましょう。

このようなケースでは、**Copyメソッドで数式の入力されているセル範囲をコピー**し、同じ範囲に、**「値のみ貼り付け」オプションで貼り付ける**方法がお手軽です。

セル範囲のコピーと値のみ貼り付けの構文

セル範囲.Copy
セル範囲.PasteSpecial Paste:=xlPasteValues

選択範囲の数式を一括で値に変換

次のマクロは選択セル範囲の数式を、値として確定します。

数式を一括で値に変換　　　　　　　　　　　　　5-53：式の結果を確定.xlsm

```
01  Sub 数式を確定()
02      '選択範囲の数式を値のみ貼り付けて「確定」する
03      Selection.Copy
04      Selection.PasteSpecial Paste:=xlPasteValues
05      Application.CutCopyMode = False
06  End Sub
```

図2：マクロの結果

選択セル範囲の数式を値として確定できた

ここもポイント ｜ **関数式以外がある場合でも結果は同じ**

数式と固定値が混在しているセル範囲の場合でも、数式のセルだけを選択してからコピーする必要はありません。

「値の貼り付け」オプションは、固定値が入力されているセルは、同じ値が上書きされるのみで、値は変わりません。結果として、数式の入力されているセルのみが、固定値に変換されます。

コピー&ペースト　　　　　　　　　　　　　　　　　　　　　基本 ミス減

054 | 書式のみを引き継ぐ

図1：既存の表の書式のみを引き継ぎたい

	A	B	C	D	E	F	G
1							
2		ID	商品	価格	数量	小計	
3		1	SDカード　64GB	2,200	3	6,600	
4		2	SDカード　128GB	3,900	2	7,800	
5		3	USBケーブル　2m	420	5	2,100	
6		4	結束バンド	120	20	2400	
7							

→ 表に新しい行を入力したが、表の書式が引き継がれていない状態

■ マクロで既存の書式を適用する

　表形式で入力された表に新規データを追加しても、新しい行には書式が引き継がれることはありません。結果、新たに入力した行が表から「浮いた」状態になってしまいます。

　このような場合には、「書式の貼り付け」オプションで書式を貼り付ける仕組みを作成するのが便利です。

セル範囲のコピーと書式の貼り付け

```
セル範囲.Copy
セル範囲.PasteSpecial Paste:= xlPasteFormats
```

　PasteSpecialメソッドは、**引数「Paste」に「xlPasteFormats」を指定**すると、「書式の貼り付け」オプションで貼り付けます。

　この仕組みを利用して、表に新規データを追加した場合には、「データ追加範囲の1行上のセル範囲（現行の最終行のセル範囲）の書式をコピー」するようにすれば、新規データも表から浮くようなことにはなりません。

　また、表の最終行だけ特別な書式を設定している場合には、さらに、「現行の最終行にその1行上のセル範囲の書式をコピーする」処理も追加しておけば、表の見た目を崩すことなく新規データを追加できます。

新規データ行に書式を設定する

次のマクロは、選択セル範囲に「1行上の書式」をコピーし、さらに「選択セル範囲の1行上」に「さらに1行上の書式」をコピーします。

既存の表の最終行の1行下にデータを追加した際には、追加したセル範囲を選択してマクロを実行すれば、表の書式を引き継げます。

選択セル範囲に表の書式を設定　　　　　　　　5-54：表の書式のみコピー.xlsm

```
01  Sub 書式をコピー()
02      '1行上の書式をコピー
03      Selection.Offset(-1).Copy
04      Selection.PasteSpecial Paste:=xlPasteFormats
05      '1行上の行にはさらに1行上の書式をコピー
06      Selection.Offset(-2).Copy
07      Selection.Offset(-1).PasteSpecial Paste:=xlPasteFormats
08      Application.CutCopyMode = False
09  End Sub
```

図2：マクロの結果

❶ 表の最終行にデータを入力し、そのセル範囲を選択した状態でマクロを実行

❷ 入力したセル範囲に表の書式をコピーして設定できた

また、上記のマクロは選択セル範囲をベースに書式をコピーしていますが、表の最終行を取得する仕組み（P.155）と組み合わせれば、「最終行に書式を適用」「新規入力位置に書式を適用」などの応用もできます。

コピー&ペースト　　　　　　　　　　　　　　　　便利　5行以内

055 | 非表示の行・列がある場合のコピーのコツ

図1：あらかじめ「可視セル」のみをコピーするのがコツ

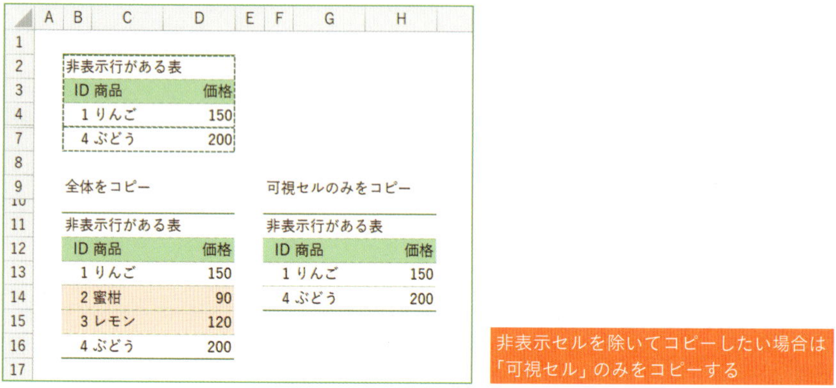

非表示セルを除いてコピーしたい場合は「可視セル」のみをコピーする

「可視セル」のみをコピーするには

　Excelではグループ化機能や行・列の非表示機能によって非表示になった箇所をそのままコピーして貼り付けると、非表示部分も含めてコピーされます。これはマクロによるコピーでも同様です。

　マクロで非表示セルを除いてコピーしたい場合、**コピーしたいセル範囲に対してSpecialCellsメソッドの引数に「xlCellTypeVisible」を指定し、指定したセル範囲の「可視セル」のみを取得**して、コピーします。

　次のマクロは、セル範囲B2:D7のうち、可視セルのみをコピーし、セルF11を起点とする位置に貼り付けます。

可視セルのみをコピー　　　　　5-55：非表示セルがある場合のコピーのコツ.xlsm

```
01    Range("B2:D7").SpecialCells(xlCellTypeVisible).Copy
02    Range("F11").PasteSpecial
```

　「隠していた箇所も貼り付けられて困っている」場合は、この仕組みを思い出して使ってみてください。

Chapter 6

既存データを素早く正確に修正する

本章ではExcelのデータをあの手この手で修正するのに役立つマクロをご紹介します。便利なフィルターやピボットテーブル、Power Queryといった各種の「集計・統合・抽出」を行う機能を利用するには、扱うデータが正確で統一されている必要があります。多くの場合、集計前にデータを修正・統一していく、いわゆる「前処理」と呼ばれる作業を行わなくてはいけません。地味で単純なのですが、ものすごく時間のかかる作業です。さらに、集中力を欠いてうっかりミスをすると、不正確な集計結果を招く原因になるという厄介な作業でもあります。そこでマクロの出番です。大量のデータを正確に揺れなく統一する味方になってくれるでしょう。

それでは、見ていきましょう。

データの修正

056 | 修正の基本は「上書き」

基本 ミス減 5行以内

図1：元の値を加工して再代入

セル.Value = セル.Value & "!"

📝 Value に Value を加工した値を再入力

　セルに入力されたデータの「修正」の基本は、「**もともと入力されている値を取得してその値を加工し、同じセルに再入力する**」という作業になります。例えば、「セルB2の値の末尾に『！』を付ける」という作業をマクロで書くと、次のようになります。

元の値を加工して再代入　　　　　　　　　　6-56：修正の基本は上書き.xlsm

```
01  Sub 元のセルの値を加工()
02      Range("B2").Value = Range("B2").Value & "!"
03  End Sub
```

図2：マクロの結果

元の値を加工して再代入したところ

　「Range("B2").Value」が2カ所ありますね。「同じセルの値をイコールで結ぶってどういうこと？」と不思議に思うかもしれません。このイコールは値の比較ではなく、「**値の再入力**」という意味となります。修正作業の際の基本的な書き方になりますので、覚えておきましょう。

「値」と「見たままの結果」の違いに注意

さて、セルの「値」はValueプロパティで取得できますが、その値はシート上の「見たままの結果」と異なる場合があります。例えば、「1000」という値に「#,###（桁区切り）」の表示形式が設定されている場合、セルには「1,000」と表示されますね。セルに表示されているのは、「値」にセルごとの**表示形式を適用した結果**なのです。

マクロから「値」ではなく、表示形式を適用した結果のほうを取得したい場合には、**Textプロパティ**を利用します。次のマクロは、セル範囲B3:B7の値の「値」と「見たままの結果」を書き出します。

「値」と「見たままの結果」を書き出す　　　　　6-56：修正の基本は上書き.xlsm

```
01  Sub ValueとTextの違い()
02      'セル範囲B3:B7のValueとTextの値を書き出す
03      Dim rng
04      For Each rng In Range("B3:B7")
05          rng.Offset(0, 1).Value = rng.Value
06          rng.Offset(0, 2).Value = rng.Text
07      Next
08  End Sub
```

図3：マクロの結果

	A	B	C	D	E
1					
2		シート上の表示	Valueの値	Textの値	
3		1,000	1000	1,000	
4		2024年8月15日	2024/8/15	2024年8月15日	
5		令6.8.15(木)	2024/8/15	令6.8.15(金)	
6		千二百三十四	1234	千二百三十四	
7		千二百三十四	千二百三十四	千二百三十四	
8	※B7には「=TEXT(1234,"[DBNUM1]")」と数式が入力されています				

> Valueプロパティは「値」、Textプロパティは「表示形式も含めた結果」を取得する

Valueプロパティは「値」（数式の場合は計算結果）を取得し、Textプロパティは「Valueの結果に表示形式を適用した結果」を取得します。

データの修正の際は、どちらを基に加工したいのかによって、ValueプロパティとTextプロパティを使い分けていきましょう。

フリガナと文字整形 | ミス減 | タイパ

057 カタカナのみを全角にする

図1：カタカナ部分のみを全角に変換

	A	B	C
1			
2		元の値	変換後の値
3		棒鋼SH-201ｶｸ	棒鋼SH-201カク
4		棒鋼SH-202ﾏﾙ	棒鋼SH-202マル
5		鋼板CS-401ﾉｰﾏﾙ	鋼板CS-401ノーマル
6		鋼板CS-402ﾀﾞﾏｽｶｽ	鋼板CS-402ダマスカス
7			

英数字は半角のままで、カタカナのみ全角に変更したい

■ マクロでカタカナのみを全角に

　型番などを扱う際に、「英数字は半角、カタカナは全角」というルールで表記したい場合があります。全角／半角を一括で統一するのは、P.130のStrConv関数を利用した方法で可能なのですが、カタカナのみを全角にすることはできません。

　そこで、PHONETICワークシート関数の「フリガナの登録されていない漢字や英数字は、そのままの値を表示する」「半角カタカナの場合は全角カタカナで表示する」という仕組みを利用します。「フリガナ情報を消去してから、PHONETICワークシート関数でフリガナを取得する」という操作で、「英数字は半角、カタカナは全角」というルールでの表記へと変換できます。

　この一連の操作をマクロにすると、次のようになります。

フリガナ情報を削除してからPHONETIC関数を適用する構文

```
セル.Phonetics.Delete
セル.Value = WorksheetFunction.Phonetic(セル)
```

　フリガナ情報の消去（P.134）はセルを指定して「Phonetics.Delete」、マクロからPHONETICワークシート関数を利用するには、WorksheetFunctionの仕組み（P.104）を利用します。この2つを組み合わせると、一発で「英数字は半角、カタカナは全角」ルールに修正できます。

指定範囲を「英数字は半角、カタカナは全角」ルールで修正

次のマクロはFor Each Nextステートメント（P.58）を利用して、セル範囲B3:B6のすべてのセルに対して「英数字は半角、カタカナは全角」ルールで修正しています。

指定セル範囲を一括修正　　　　　　　　　　6-57：カタカナのみ全角に.xlsm

```
01  Sub カタカナのみ全角に変換()
02      Dim rng
03      For Each rng In Range("B3:B6")
04          'フリガナ消去
05          rng.Phonetics.Delete
06          'PHONETICワークシート関数の結果に上書き修正
07          rng.Value = WorksheetFunction.Phonetic(rng)
08      Next
09  End Sub
```

図2：マクロの結果

指定セル範囲をまとめて「カタカナのみ全角」に変換できた

対象となるセルを柔軟に変更したい場合は、「Range("B3:B6")」の箇所を「Selection」プロパティ（P.98）に置き換え、選択セル範囲を対象にすると使い勝手がよくなります。

ここもポイント｜結果はExcel側のフリガナ設定によって変わる

セルのフリガナは、個別のセルごとに全角カタカナ、ひらがな、半角カタカナの3つのうちから選択できるようになっています。本節のような結果を得たい場合には、初期設定の「全角カタカナ」に設定した上で実行しましょう。

フリガナと文字整形　　　　　　　　　　　　ミス減 タイパ

058 全角／半角やひらがな／カタカナを統一する

図1：文字の種類を統一する

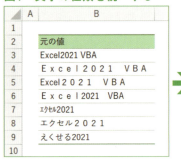

バラバラな文字種を「半角・カタカナ」に一括修正する

■ マクロで表記を統一

　同じものを意図しているのに、英数字の全角・半角や大文字・小文字、そして、ひらがな・カタカナの表記が異なるために、集計してみると違うものとして区別されてしまう場合があります。このような場合は、「**StrConv関数**」を利用して表記の統一をしましょう。

StrConv関数の構文

```
StrConv(文字列, 統一方法)
```

　StrConv関数の2つ目の引数には、**表記の統一方法を、組み込み定数で指定**します。定数は、次ページの表1のように、要素ごとに複数パターン用意されています。複数の要素を組み合わせて指定したい場合には、定数を「+」でつないで記述すればOKです。例えば、「全角でカタカナ」の場合に指定する定数は、「vbWide + vbKatakana」となり、「全角でひらがな」の場合は「vbWide + vbHiragana」となります。

> **ここもポイント｜[置換]機能でさらに統一も**
>
> 「Excel」と「エクセル」を統一したい場合には、さらに置換機能やReplaceメソッド（P.142）を利用して統一してみましょう。

表1：StrConv関数で利用する組み込み定数

要素	定数	形式
大文字/小文字	vbUpperCase	大文字
	vbLowerCase	小文字
	vbProperCase	英単語の先頭のみ大文字
全角/半角	vbWide	全角
	vbNarrow	半角
ひらがな/カタカナ	vbHiragana	ひらがな
	vbKatakana	カタカナ

セル範囲B3:B9をカタカナのみ全角に変換

次のマクロはStrConv関数とPHONETICワークシート関数の仕組みを使い、セル範囲B3:B9の値を「半角・カタカナ」に統一後、「カタカナは全角」に統一します。

半角・カタカナに統一

6-58：文字の種類を統一.xlsm

```
01  Sub 文字の種類を統一()
02      Dim rng
03      For Each rng In Range("B3:B9")
04          '「半角・カタカナ」に変換後、「カタカナは全角」に変換
05          rng.Value = StrConv(rng.Value, vbNarrow + vbKatakana)
06          rng.Value = WorksheetFunction.Phonetic(rng)
07      Next
08  End Sub
```

図2：マクロの結果

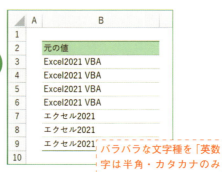

バラバラな文字種を「英数字は半角・カタカナのみ全角」に一括修正できた

フリガナと文字整形 ミス減 タイパ

059 | 日付変換されてしまった文字列を元に戻す

図1：「01-23」のように型番を入力したら日付に変換されてしまった例

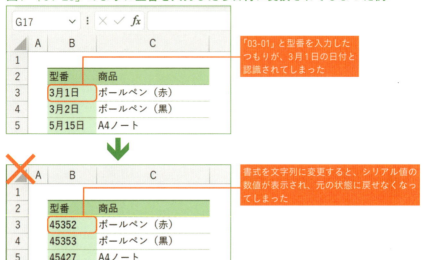

マクロで書式を文字列に変更してシリアル値を変換

　Excelユーザーなら、「03-01」という型番のつもりで入力やコピーした値が、「3月1日」になってしまった、というケースに遭遇することがよくあるでしょう。これは、Excelが自動的に日付と判断するためですが、ここで困るのが日付に変換されてしまうと、その値はシリアル値となってしまう点です。

　そのため、慌ててあとからセルの書式を「文字列」に変更しても、シリアル値の数値が表示され、元の「03-01」という値とはかけ離れた表示になってしまいます。

　こんなときは、マクロでセルの書式を文字列に設定した上で、Format関数（P.108）を利用して、セルの値（シリアル値）を基に、型番の文字列を生成して再入力してみましょう。

シリアル値から必要な文字列を作成

　次のマクロは、セルのシリアル値から月と日を取り出し、「2桁の月-2桁の日」という文字列を作成して上書きします。しかしそれだけでは、手入力したときと同様に、シリアル値として判定されてしまいます。

　そこで、上書きする前にセルの表示形式を設定する「**NumberFormatプロパティ**」に、「"@"」を代入し、表示形式を「文字列」にしてから入力します。これで「01-23」のような型番の値を文字列として入力できます。

シリアル値を型番変換　　　　　　　6-59：日付値の書式を使って修正.xlsm

```
01  Sub シリアル値を型番変換()
02      Dim rng
03      For Each rng In Range("B3:B6")
04          '書式を「文字列」にした上でシリアル値を型番に修正
05          rng.NumberFormat = "@"
06          rng.Value = Format(rng.Value, "mm-dd")
07      Next
08  End Sub
```

図2：マクロの結果

シリアル値から型番を表す表示形式の文字列に修正できた

ここもポイント ｜ 書式でごまかすよりも修正を

実は日付を型番"風"に見せるだけであれば、セルの表示形式を「mm-dd」にすれば「見かけ上」は「3月1日」を「03-01」と表示できます。しかし、セルに入力されているのはあくまでシリアル値であるため、あとでデータをコピーして再利用したり、計算したりしようとすると、思わぬトラブルの原因になります。正しい「値」に修正するのがベターなのです。

フリガナと文字整形 | ミス減 | タイパ | 5行以内

060 並べ替えがうまくいかないときはフリガナを一括消去する

図1：フリガナが異なるために意図通りに並べ替えられていない

入力時に設定されたフリガナが異なるために、意図した並び順になっていない

マクロでフリガナを一括消去

　氏名や商品名を入力する場合、同じ値に見えるセルでも、入力方法によってフリガナが異なる場合があります。例えば、同じ「増田」という値でも「マスダ」と入力したか、「増える田圃」と入力してから必要な字のみ残したかで、フリガナが異なってきます。さらにテキストファイルなどからコピー入力したなどの理由で、そもそもフリガナを持たない場合もあります。

　このようなケースで並べ替えを行うと、フリガナが異なるために、意図した順番に並べ替えられなくなります。そこで、余分なフリガナを消去しようと思うと、手作業ではなかなか手間がかかります。

　こんなときは、フリガナを消去したいセル範囲のフリガナを一括管理している**「Phoneticsオブジェクト」**の**「Deleteメソッド」**を使えば、一括でフリガナを消去できます。

セル範囲のフリガナを一括消去する構文

```
セル範囲.Phonetics.Delete
```

セル範囲B3:B8からフリガナを一括消去

次のマクロでは、フリガナが設定されているセル範囲B3:B8から、一括でフリガナを消去します。

フリガナを一括消去　　　　　　　　　　　　　　6-60：フリガナを一括消去.xlsm

```
01  Sub フリガナを一括消去()
02      'フリガナ一括消去
03      Range("B3:B8").Phonetics.Delete
04  End Sub
```

図2：マクロの結果

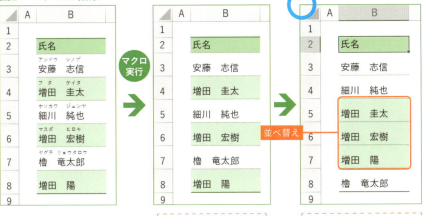

結果を見てみると、指定セル範囲のフリガナが一括で消去されていますね。この状態にしてから並べ替えを行えば、同じ「増田」から始まる値がきちんと並びます。

ここもポイント ｜ フリガナの扱いは要注意

既定の設定ではフリガナの情報は［並べ替え］機能だけでなく［検索］／［置換］機能の際にも処理対象となります。「どうも思っていた結果と違うぞ？」という場合は、フリガナを利用する設定になっているかどうかをチェックしてみましょう。
また、よく使うデータに関しては、本節の手順でフリガナを一括消去しておくと、安心して利用できるデータとなるでしょう。

フリガナと文字整形 [ミス減][タイパ]

061 漢字にフリガナを一括で設定する

図1：同じ漢字だが読みが異なるケース

	A	B	C
1			
2		氏名	設定したいフリガナ
3		東　太郎	アズマ　タロウ
4		東　紗耶香	ヒガシ　サヤカ
5		東海林　正	トウカイリン　タダシ
6		東海林　優芽	ショウジ　ユメ
7		豊田　秋広	トヨダ　アキヒロ
8		豊田　順	トヨタ　ジュン
9			

同じ漢字だが読みが異なる文字列に、正しいフリガナを一括設定したい

日本ならではの「同じ漢字で違う読み」問題

　日本で扱うデータならではの問題点として「同じ漢字だけど読みは違う」点があります。特に氏名のデータは要注意です。「東（あずま／ひがし）」「豊田（とよた／とよだ）」など、この手の違いはよくあります。漢字表記とは別に、隣の列にフリガナをセットで用意してくれていればいいのですが、そういうケースばかりではありません。

　場合によっては、「Excelではせっかくフリガナが使えるんだから、きっちりフリガナを入れておいて」という運用を任されることもあるかもしれませんが、1つひとつのセルを編集する作業となり面倒です。そこでマクロの出番となります。隣のセルに入力した氏名のフリガナを一括で設定してみましょう。任意のセルにフリガナを設定するには、個々のセルのフリガナを管理している**「Phoneticオブジェクト」**の**「Textプロパティ」**に値を代入します。

セルにフリガナを設定する構文

```
セル.Phonetic.Text = "設定したいフリガナ"
```

　この構文で、「セル全体としてのフリガナ（漢字1文字1文字に対応しているわけではないフリガナ）」を設定できます。

右隣のセルの値をフリガナとして登録

次のマクロはセル範囲B3:B8の各セルに、右隣のセルの値を、セル全体のフリガナとして登録します。

フリガナを一括設定

6-61：フリガナを一括設定.xlsm

```
01  Sub フリガナを一括設定()
02      Dim rng
03      '隣のセルの値をフリガナに設定
04      For Each rng In Range("B3:B8")
05          rng.Phonetic.Text = rng.Next.Value
06      Next
07  End Sub
```

図2：マクロの結果

セルにフリガナを一括設定できた

ここもポイント｜特定の文字のフリガナを設定するには

セル全体としてのフリガナではなく、特定の文字のみのフリガナを設定するには、PhoneticsオブジェクトのAddメソッドを利用します。

　セル.Phonetics.Add 開始位置，文字数，フリガナ文字列

「何文字目から何文字分までの文字にフリガナを設定するか」を指定する必要があるため、ちょっと面倒ですが、本文中のような状態で、苗字と名前に分けてフリガナを設定する場合の具体的なコードを知りたい方は、サンプルのマクロを見てみてください。

データの削除 | ミス減 | 5行以内

062 | 請求書を一発で初期状態にする

図1：帳票の決まった場所だけクリアし、数式はクリアしたくない

シートを再利用する際、決まったセルの値だけクリアしたい

決まった位置のセルをモレなくクリア

　見積書や請求書などの帳票を作成する場合には、過去にあった似た取引の帳票を修正して再利用する場合があります。このようなケースでは、以前に入力した値をクリアしてから再利用するのですが、数式を利用して計算や表示を行っているシートの場合、うっかりその部分をクリアしてしまうと、正しく表示されなくなってしまう事態に陥ります。

　そこで、マクロの出番です。再利用をする帳票に応じて、あらかじめ特定のセル範囲のみをまとめてクリアするマクロを作成しておけば、安全・確実に意図したセル範囲のみの値をクリアできます。

　特定のセル範囲の値だけをクリアするには、セル範囲を指定して、「ClearContentsメソッド」を使用すればOKです。

セル範囲の値のみをクリアするClearContentsメソッドの構文
```
セル範囲.ClearContents
```

請求書内の指定セル範囲を一括クリア

セル範囲に対してClearContentsメソッドを使うと、セル範囲内のすべてのセルの値をまとめて消去できます。この操作は Delete キーを押したときと同じ操作となり、**書式やセル自体は削除されません**。

離れた位置のセル範囲をまとめて指定したい場合には、下記マクロのようにセル範囲ごとにカンマで区切る形で列記して指定できます。

指定セル範囲をまとめてクリア　　　　　　　　　　6-62：帳票の初期化.xlsm

```
01  Sub 指定セル範囲をまとめてクリア()
02      Range("E2:E3,B5,C10:E10,B13:D17").ClearContents
03  End Sub
```

図2：マクロの結果

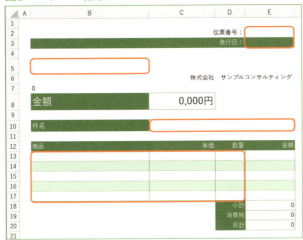

シートを再利用するため、数式などは残して値を再入力したいセルだけクリアできた

ここもポイント | **目的のセル範囲のアドレスを知る方法**

セル範囲のアドレスは、実際にクリアしたいセル範囲のみを、 Ctrl キーを押しながらクリックやドラッグして選択した状態で、［イミディエイト］ウィンドウに下記のコードを入力して Enter キーを押しましょう。

```
Debug.Print Selection.Address
```

すると、簡単にアドレス文字列が得られます。特に帳票形式のシートでは、実際に選択して確認するのがお手軽で正確です。

文字列の処理　　　　　　　　　　　　　　　　　基本 ミス減 タイパ

063 | 選択セル範囲内の値に「様」を付加する

図1：特定のセル範囲すべてのセルについて修正を行いたい

特定のセル範囲の個々のセルについて「様」を付加した値に修正したい

■ マクロで特定のセル範囲すべてに対して処理を行う

　特定のセル範囲に対して、同じ処理をまとめて行いたい場合に知っておくと便利な仕組みがFor Each Nextステートメントとの組み合わせです。

セル範囲に一括して〇〇する際の定番パターン
```
Dim rng
For Each rng In セル範囲
    オブジェクト変数「rng」を通じた個々のセルに対する処理
Next
```

　すでにいくつかのマクロでも利用していますが、非常に手軽にいろいろな場面で利用できます。例えば、次のコードでは、セル範囲A1:C10に対して、「VBA」という値を入力します（変数の宣言部分は省略しています）。

```
For Each rng In Range("A1:C10")
    rng.Value = "VBA"
Next
```

　個々のセルには、オブジェクト変数を通じてアクセスできます。上記の場

合は変数「rng」を通じて個々のセルのValueプロパティを設定しています。

　オブジェクト変数名は任意のものでかまわないのですが、自分なりの定番の変数名を決めておくと、見ただけで「あ、これはループ中の個々のセルなんだな」と見当が付くようになります。筆者の場合は上述の「rng」です。

現在選択しているセル範囲に対してループ処理を行う

　左ページのサンプルを発展させて、現在のセルに入力されている値の末尾に全角スペースと「様」を付加してみましょう。現在の値をValueプロパティで取り出し、&演算子で結合するだけなので簡単ですね。

　また、対象となるセル範囲の指定には、下記サンプルのようにSelectionプロパティを利用すると「現在選択しているセル範囲全体に対して○○する」というマクロが作成できます。用途によって使い分けていきましょう。

選択セル範囲に「　様」を付加　　　　　　　　6-63：選択セル範囲を一括処理.xlsm

```
01 Sub 現在選択しているセル範囲に一括処理()
02     Dim rng
03     For Each rng In Selection
04         rng.Value = rng.Value & "　様"
05     Next
06 End Sub
```

図2：マクロの結果

選択セル範囲の個々のセルの値に「　様」を付加した値に修正できた

　マクロの適用範囲を選択する際には、Ctrlキーを押しながらセルをクリックまたはドラッグして離れた位置にあるセルを選択しても、そのすべてのセルが操作対象となります。

　実行時に、オペレーターにマクロを適用するセル範囲を選んでもらいたい場合には、本節の範囲の指定方法を使っていきましょう。

文字列の処理　　　　　　　　　　　　ミス減　タイパ　5行以内

064 選択セル範囲内の文字列を一括置換する

図1：「(株)」を「株式会社」に一括置換

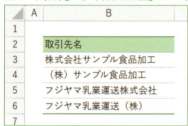

「(株)」と「株式会社」の表記が混在している状態。このままだと集計の際に別の対象として集計されてしまうなどのトラブルの原因になる

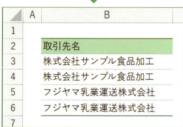

セル範囲を指定して、特定の文字列を一括で置換したい

■ マクロで特定のセル範囲すべてに対して処理を行う

　「(株)」を「株式会社」に修正したいなどのよく行う修正は、置換機能で実現できますが、よくある修正パターンであれば、置換文字列まで含めたマクロにしてしまうと、使い勝手がよくなります。

　置換機能をマクロで利用するには、セル範囲を指定して「**Replaceメソッド**」を利用します。

Replaceメソッドの構文

```
セル範囲.Replace 検索文字列, 置換後文字列, LookAt:=xlPart
```

　1つ目の引数には、置換対象とする検索文字列を指定し、2つ目には置換後に表示する文字列を指定します。さらに、**引数「LookAt」に「xlPart」を指定**して、セルの値の一部でも当てはまる文字列があれば、その部分を置換する「部分一致」オプション設定にします。

現在選択しているセル範囲に対して置換処理を行う

次のマクロはReplaceメソッドを使い、「(株)」を「株式会社」に一括置換します。置換対象のセル範囲は、Selectionプロパティを使用することで、「現在選択しているセル範囲」のみに限定しています。

選択セル範囲を置換　　　　　　　　　　　　　6-64：セルの値を置換.xlsm

```
01  Sub 選択セル範囲を一括置換()
02      '(株)の表記を「株式会社」に置換して統一
03      Selection.Replace "(株)", "株式会社", LookAt:=xlPart
04  End Sub
```

図2：マクロの結果

現在選択しているセル範囲の表記を統一できた

ここもポイント　完全一致するセルのみを置換対象にするには

例えば「富士」という値を「沼津」に置換する場合、引数「LookAt」が「xlPart」のままだと、「富士山」という値まで「沼津山」になってしまいます。

図3：部分一致と完全一致の結果の違い

これを避けるには、Replaceメソッドの引数「LookAt」に「xlWhole」を指定し「完全一致」オプション設定を指定しましょう。

```
セル範囲.Replace "富士", "沼津", LookAt:=xlWhole
```

すると、セルの値が完全に「富士」のものだけが置換の対象となります。

文字列の処理　　　　　　　　　　　　　　　ミス減　タイパ

065 リストに従って複数置換を連続で実行

図1：複数回の置換処理を行う際のリストを用意

	A	B	C	D
1				
2		置換リスト		
3		検索文字列	置換後の文字列	
4		（株）	株式会社	
5		(株)	株式会社	
6		㈱	株式会社	
7		様		
8		御中		
9				

置換リスト｜データ｜＋

「置換リスト」シート上に作成した置換機能で検索したい値と、対応する置き換えたい値のリスト

■ マクロでリストに従って置換処理を連続で行う

　複数の置換処理を繰り返し行いたい場合には、検索文字列と置換後の文字列のリストを作成しておき、そのリストに沿ってマクロで置換を行う仕組みを用意すると便利です。

　サンプルでは、「置換リスト」シート上に図1のような検索文字列と対応する置換後の文字列のリストが作成してあります。セルC7とセルC8には置換後の文字列が入力されていませんが、この箇所は「空白に置換する」、つまり、「置換により検索文字列を消去する」という処理になります。

■ 現在選択しているセル範囲に置換処理を行う

　リストを基に一括置換するマクロを作成していきましょう。次のマクロは、選択セル範囲に対して、「置換リスト」シート上に作成したリストのルールに沿って、連続して置換を行います。リストには5行の組み合わせが作成されていますので、手作業で5回置換操作を行うところを、マクロを1回実行するだけで一括処理できますね。

リストに従って連続置換

6-65:リストに従って連続置換.xlsm

```
01  Sub リストに従って連続置換()
02      '検索文字列のセル範囲を変数にセット
03      Dim findList, rng
04      Set findList = Worksheets("置換リスト").Range("B4:B8")
05      '個々の検索文字列を検索し、隣のセルの値に置換
06      For Each rng In findList
07          Selection.Replace rng.Value, rng.Next.Value, LookAt:=xlPart
08      Next
09  End Sub
```

図2:マクロの結果

「データ」シートのセル範囲B4:B8を選択して実行した結果。
選択セル範囲の表記を、作成しておいたリストに従って統一できた

結果を見ると、きちんとリストに従って5種類の置換が行われていますね。今回は、変数「findList」に、「置換リスト」シート上の「検索文字列」列のセル範囲を代入しています。その範囲にFor Each Nextステートメントでループ処理を行い、Selectionプロパティで取得できる「現在選択されているセル範囲」に対して、「rng.Value」つまり「個々の検索文字列の値」を「rng.Next.Value」つまり、「個々の検索文字列セルの隣のセルの値」へと置換することで、すべての検索文字列について置換処理を行っています。

ここもポイント | ほかのブックの置換を行う場合には

置換リストが作成してあるブック以外のセル範囲を選択して一括置換する場合には、リスト側のセル範囲の指定を、ブックを含めた形にしましょう。

```
Set findList = _
    Workbooks("ブック名").Worksheets("置換リスト").Range("B4:B8")
```

文字列の処理　　　　　　　　　　　　　　　　　　　　　ミス減　タイパ

066 | セル内改行や文字列を置換・消去する

マクロでセル内の改行を消去する

　Excelではセルに値を入力するときに、Alt + Enter キーを押すとセル内改行を行えます。このセル内改行をVBAで扱うには、**組み込み定数「vbLf」**を利用します。次のマクロは、C列全体の定数「vbLf」をReplaceメソッドで「・」に置換することで、セル内改行の箇所を「・」でつないだ形に修正し、ついでに列幅を自動調整（P.166）します。

Replaceメソッドで改行を置換　　　　　　　6-66：セル内改行を置換.xlsm

```
01  Sub セル内改行を置換()
02      'C列全体を変数にセット
03      Dim col
04      Set col = Columns("C")
05      'セル内改行を置換
06      col.Replace vbLf, "・", LookAt:=xlPart
07      '折り返し表示をオフにしてセル幅を自動調整
08      col.WrapText = False
09      col.EntireColumn.AutoFit
10  End Sub
```

図1：マクロの結果

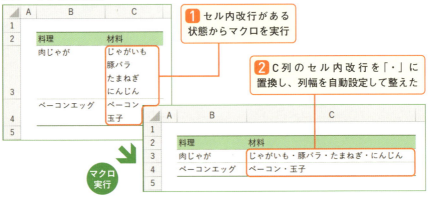

1. セル内改行がある状態からマクロを実行
2. C列のセル内改行を「・」に置換し、列幅を自動設定して整えた

マクロ内で文字列を置換した結果を取得

セル上の置換ではなく、マクロ内で文字列の置換を行うには、「**Replace関数**」を利用します。

Replace関数の構文
`Replace(検索対象の文字列，検索値，置換後の文字列)`

Replace関数は、**第1引数に対象の文字列を、第2引数に検索値を、第3引数に置換後の文字列を指定**します。置換後の結果は変数などに代入して利用しましょう。

次のマクロは選択しているセルの値から、セル内改行を取り除いて連結した値をダイアログに表示します。Replace関数は、セルに対するReplaceメソッドとは違い、セルの値を直接置換するようなことはありません。マクロを実行しても、選択セルの値は変化しません。あくまでも、値を置換して作成した新しい値を取得するのみとなります。

セル内改行を取り除いた値を表示　　　　　　　　6-66：セル内改行を置換.xlsm

```
01  Sub Replace関数で値を置換()
02      '現在選択しているセル範囲の値を、セル内改行を取り除いて表示
03      MsgBox Replace(Selection.Value, vbLf, "")
04  End Sub
```

図2：マクロの結果

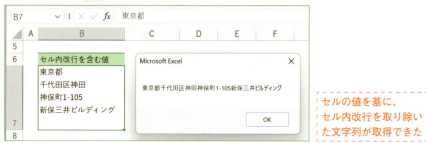

セルの値を基に、セル内改行を取り除いた文字列が取得できた

ReplaceメソッドとReplace関数は同じ「Replace」の名前を持つ仕組みですが、「セルのメソッド」と「VBAの関数」という違いがあります。目的に応じて使い分けていきましょう。

表の修正・確認　　便利

067 複数のセルの値を連結する

図1：方眼紙状態で入力された一連の値をまとめる

	万	千	百	十	一		連結した値
商品1	5	2	0	0	0		52,000
商品2	1	2	3	4	5		12,345
商品3			3	0	8		308

数式バー：`=HOUGANtoNumber(C3:G3)`

方眼紙状に入力されたセル範囲の値を連結した数値として返す関数を自作したところ

■ セルの値を連結する

ブックの中には図1のように1つの数値を桁ごとに複数セルに「分けて入力されてしまっている」迷惑なものもあります。しかし、集計作業を行うのであれば、このデータを利用するしかありません。ワークシート関数のCONCAT関数やCONCATENATE関数、TEXTJOIN関数を使って文字列として連結し、NUMBERSTRING関数で数値に変換する、などの対処で値を取り出せますが、なかなか面倒です。

そこで、マクロで一発で取り出せる仕組みを作成してみましょう。WorksheetFunctionオブジェクトの仕組み（P.104）を使って、マクロ内でCONCAT関数などを利用してもいいのですが、Excelのバージョンによっては利用できません。そこで、練習も兼ねて、WorksheetFunctionオブジェクトの仕組みを使わずにセルの値を連結し、数値として返す自作の関数を作成します（P.76）。

ブックに「func」モジュールを追加し、funcモジュール上に次ページの関数、「HOUGANtoNumber」を作成します。この関数は、引数として受け取ったセルの値を連結し、数値に変換した値を戻り値として返します。

関数が作成できたら、図1のようにワークシート上で既存のワークシート関数と同じように「= HOUGANtoNumber(C3:G3)」と入力すれば、連結した数値が表示されます。

引数で指定したセル範囲の値を連結して数値にする関数　　　6-67：値の連結.xlsm

```
01  Function HOUGANtoNumber(rng)
02      Dim i, tmp
03      'インデックス番号順に値を連結していく
04      For i = 1 To rng.Cells.Count
05          tmp = tmp & rng.Cells(i).Value
06      Next
07      '連結し終わった値を数値に変換して返す
08      HOUGANtoNumber = Val(tmp)
09  End Function
```

入力時は図2のように、Excelの関数と同じく入力時のヒントも表示されます。便利ですね。

図2：ワークシート上から自作関数を利用できる

ワークシート上から作成した関数が利用できる

作成した関数は、もちろんマクロ内からも利用できます。よくある計算を快適に使えるように、業務に応じた関数を作成して活用していきましょう。

自作関数をマクロからも利用できる　　　6-67：値の連結.xlsm

```
01  Sub 自作関数を利用()
02      '選択セル範囲を引数に自作関数を呼び出す
03      MsgBox func.HOUGANtoNumber(Selection)
04  End Sub
```

図3：マクロの結果

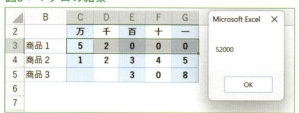

別のマクロ内からも作成した関数を呼び出して利用できる

表の修正・確認　　　　　　　　　　　　　　　　　ミス減 5行以内

068 書類の提出前に非表示セルの有無をチェックする

図1：シート内の非表示セルの有無をチェックする

シート上に非表示セルがあるかどうかを簡単にチェックする

隠れているセルの有無を正確に判定してから探す

　セルの値の修正も大事ですが、非表示になっているセルの把握も同じくらい大事です。間違ったデータが潜んでいたり、外部に見せたくないデータに気付かずに送ってしまったり、といったミスを生む原因になります。

　しかし、非表示の箇所というのは目立たなくて気付きにくいのです。そもそも、目立たせたくなくて非表示にしているのですから。そこで、マクロを使って非表示のセルがあるかどうかをチェックできるようにしてみましょう。

　次のマクロは、アクティブシートに非表示セルがある場合にはダイアログを表示します。

非表示セルがある場合にダイアログ表示　　　6-68：非表示セルのチェック.xlsm

```
01 Sub 非表示セルのチェック()
02     If Cells.SpecialCells(xlCellTypeVisible).Areas.Count > 1 Then
03         MsgBox "このシートには非表示部分があります"
04     End If
05 End Sub
```

　セルが非表示になる要因としては、「非表示機能」「グループ化機能」「フィルター機能」など、いろいろなケースがあります。まずは非表示セルの有無をマクロで確認し、ある場合には、どういう理由で非表示になっているのか、内容は修正する必要はあるかといったチェックを行っていきましょう。

Chapter 7

表全体のチェックと書式設定を行い正確で見やすい表を作る

本章では表作りに役立つマクロをご紹介します。
Excelは「表計算ソフト」だけあって、表に関する機能が充実しています。計算だけでなく、見た目もさまざまに加工できます。
マクロで表を操作する際には、「どのセル範囲を操作するのか」という考え方ではなく、「どの表のどの部分を操作するのか」という考え方で操作できると、意図通りの処理が作りやすくなります。
また、マクロを使って表の見た目を整える仕組みを用意すれば、正確に「いつものきれいで読み取りやすい表」に一瞬で仕上げてくれます。見やすい表は、頭の中にすっとデータが入っていき、何を伝えたいのか、どうしてほしいのかを理解する助けになってくれるでしょう。
それでは、見ていきましょう。

表データの操作　　　　　　　　　　　　　　　　　　　5行以内　便利

069 データ数が増減する表全体を選択する

図1：データ数の増減する表のセル範囲を取得する

	A	B	C	D
1				
2		id	商品名	単価
3		1	りんご	150
4		2	蜜柑	120
5		3	レモン	130
6				
7		データが日々増減する表のセル範囲をマクロで取得したい		
8				

↔

	A	B	C	D	E
1					
2		id	商品名	単価	分類
3		1	りんご	150	A
4		2	蜜柑	120	B
5		3	レモン	130	A
6		4	ぶどう	780	B
7		5	桃	550	A
8					

起点となるセルを基に表全体を取得する

　日々、データの入力や消去を行い、データ数が増減するタイプの表を扱う際には、表全体のセル範囲も日々変化します。

　例えば、商品を管理する表であれば、商品数や管理項目が増減すれば、図1のように表のセル範囲が拡大したり縮小したりします。こういうタイプの表をマクロから操作する際には、データが増減しても、常に表全体を取得できる仕組みを用意しておくと便利です。

　いちばんお手軽なのは、Ctrl＋Shift＋＊キーを押したときに選択できる「**アクティブセル領域**」の仕組みを利用する方法です。アクティブセル領域とはざっくり言うと「任意のセルを起点として、連続してデータが入力されているセル範囲」です。マクロからアクティブセル領域を取得するには、「**CurrentRegionプロパティ**」を使用します。

アクティブセル領域を取得する構文
起点セル.`CurrentRegion`

　次のマクロは、セルB2を起点としたアクティブセル範囲、つまり、セルB2を起点とした表のセル範囲を取得して選択します。CurrentRegionプロパティの仕組みを利用すれば、表の起点となるセルさえわかれば、表のデータが増減しても、常に同じコードで「マクロ実行時の表全体」を取得できるわけですね。

セルB2を起点とした表全体を選択

7-69：表全体を取得.xlsm

```
01  Sub セルB2を起点とした表を選択()
02      Range("B2").CurrentRegion.Select
03  End Sub
```

図2：マクロの結果

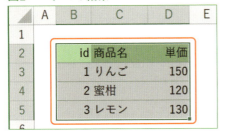

「アクティブセル領域」の仕組みを使って「表全体」を選択できた

また、表形式のセル範囲を操作する際には「まず、表全体のセル範囲を変数にセットし、その変数範囲で各種の操作を行う」というスタイルがおすすめです。

次のマクロでは、アクティブセルを起点として表全体を取得し、セル範囲や行数・列数などの情報を取得しています。

アクティブセルを起点にした表全体を選択

7-69：表全体を取得.xlsm

```
01  Sub 表全体を取得して操作()
02      'まず、アクティブセル領域の仕組みで表全体を変数にセット
03      Dim tableRng
04      Set tableRng = ActiveCell.CurrentRegion
05      '変数経由で表全体のいろいろな情報を取得して出力
06      Debug.Print "セル範囲:", tableRng.Address
07      Debug.Print "行数:", tableRng.Rows.Count
08      Debug.Print "列数:", tableRng.Columns.Count
09  End Sub
```

図3：マクロの結果

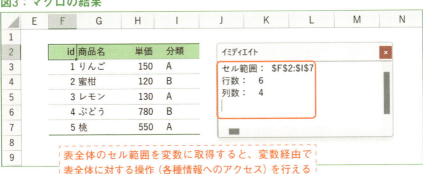

表全体のセル範囲を変数に取得すると、変数経由で表全体に対する操作（各種情報へのアクセス）を行える

表データの操作　　　　　　　　　基本 便利 5行以内

070 | 表内の特定行・特定列を選択する

■ マクロで表内の特定行や特定列を選択

表全体の**セル範囲に対して「Rows（行番号）」「Columns（列番号）」**という形でコードを記述すると、その表の指定した行全体、列全体を取得できます。

行単位・列単位で表のデータを取得する構文
表のセル範囲.Rows(表内での相対的な行番号)
表のセル範囲.Columns(表内での相対的な列番号)

「表内の〇行目」「表内の〇列目」というイメージで目的のセル範囲にアクセスできるため、知っているととても便利な仕組みです。

■ 目的の行・列だけを対象に操作

次のマクロは、セル範囲B2:E6に作成された表のうちの、「3行目」のみに色を付けます。

「3行目」を操作　　　　　　　　7-70：特定行や特定列を取得.xlsm
```
01  Sub 特定レコードを選択して色を付ける()
02      Range("B2:E6").Rows(3).Interior.ColorIndex = 46
03  End Sub
```

図1：マクロの結果

表の範囲.Rows(3)に色を付けた

次のマクロは、セル範囲B2:E6に作成された表の、「2行目」のみフォントを太字にします。行単位や列単位で処理を行う際に便利な指定方法ですね。

「2列目」を操作

7-70：特定行や特定列を取得.xlsm

```
01  Sub 特定フィールドのフォントを太字にする()
02      Range("B2:E6").Columns(2).Font.Bold = True
03  End Sub
```

図2：マクロの結果

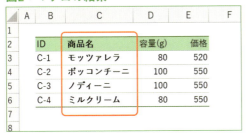

表の範囲.Columns(2)のフォントが太字になった

複数行をまとめて扱うには

行の指定は**「"2:5"」の形式で「2〜5行目」をまとめて指定**できます。

複数行をまとめて扱う

```
表のセル範囲.Rows("2:5")
```

次のマクロは、この仕組みを使い、表の「2行目から最終行まで」、つまり「見出しを除いたセル範囲」をコピーします。最終行の番号は、「表全体のセル範囲.Rows.Count」で得られる「表全体の行数」から取得しましょう。

「2行目から最終行まで」を操作

7-70：特定行や特定列を取得.xlsm

```
01  Sub 見出しを除いた範囲をコピー()
02      Dim tableRng
03      Set tableRng = Range("B2:E6")
04      '2行目から最終行をコピー
05      tableRng.Rows("2:" & tableRng.Rows.Count).Copy
06  End Sub
```

図3：マクロの結果

表の範囲.Rows("2:最終行")を選択できた

表データの操作　　　　　　　　　　　　　　　　　基本　ミス減

071 | テーブル範囲のデータを扱う

図1：テーブル機能を使っていると目的セルへアクセスしやすくなる

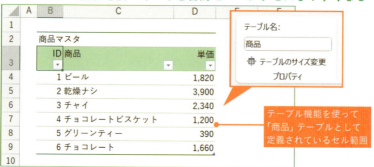

テーブル機能を使って「商品」テーブルとして定義されているセル範囲

テーブル名を使って目的のデータへアクセス

　Excelには表形式のデータを扱う際に便利な［テーブル］機能が用意されています。利用されている方も多いのではないでしょうか。
　このテーブル機能関連の操作は、「**ListObjectオブジェクト**」としてまとめられています。いろいろな操作ができるのですが、とりあえずは表1の3つのプロパティを覚えておくと、目的のセル範囲が簡単に取得できます。

表1：目的のセル範囲の取得に便利なプロパティ

プロパティ	取得できるセル範囲
Range	テーブル範囲全体
HeaderRowRange	見出し行
DataBodyRange	データ範囲（見出しを除く範囲）

　実際に、「商品」とテーブル名が付けられたテーブル範囲をマクロから操作してみましょう。次のマクロは、「商品」テーブルの「テーブル範囲全体」「見出し行」「データ範囲」の3種類のセル範囲のアドレスを出力します。
　ポイントは、「Set 変数 = シート.ListObjects("テーブル名")」として目的のテーブル（ListObject）を変数にセットし、その後、変数経由でListObjectオブジェクトの各種プロパティを使って目的のセル範囲にアクセスしている点です。

ListObjectの各種プロパティから目的のセル範囲を取得　7-71：テーブル範囲を扱う.xlsm

```
01  Sub テーブル範囲を取得()
02      'テーブル範囲(ListObject)を変数にセット
03      Dim tbl
04      Set tbl = ActiveSheet.ListObjects("商品")
05      '各種のセル範囲へとアクセスしアドレスを出力
06      Debug.Print "全体:"; tbl.Range.Address
07      Debug.Print "見出し:"; tbl.HeaderRowRange.Address
08      Debug.Print "データ:"; tbl.DataBodyRange.Address
09  End Sub
```

図2：マクロの結果

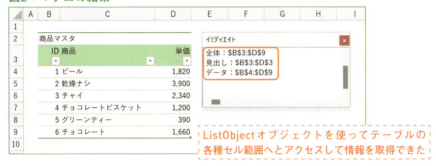

ListObjectオブジェクトを使ってテーブルの各種セル範囲へとアクセスして情報を取得できた

　「どのテーブルを使いたいか」という指示を、テーブル名を使って指示でき、「tbl.Range」「tbl.HeaderRowRange」「tbl.DataBodyRange」など、目的のセル範囲を「テーブルのセル範囲なんだな」「見出しなんだな」「データのところなんだな」と、見当が付く形で簡単に指定できるのも嬉しいですね。

特定レコードはDataBodyRange.Rows（番号）で取得できる

　ListObjectオブジェクトの仕組みを利用すると「テーブル内の○番目のレコード」のセル範囲は、次の構文でアクセスできます。

○番目のレコードのセル範囲を取得する構文
```
テーブル.DataBodyRange.Rows(レコード番号)
```

　「商品」テーブルの「3」番目のレコードなら次のようになります。

```
ActiveSheet.ListObjects("商品").DataBodyRange.Rows(3).Select
```

　とても簡単に目的のセル範囲を取得できるので、普段からテーブル機能を利用している方はもちろん、使っていない方もお試しください。

表データの操作　　　　　　　　　便利　5行以内

072 | 新規データの入力位置を取得する

図1：「次のデータ」を入力する位置を取得する

	A	B	C	D	E	F
1						
2		商品		支店	売上	前年同月比
3		モッツァレラ		本店	55,128,500	103%
4		熟成チーズ		支店A	49,472,820	85%
5		デザートクリーム		支店B	35,498,240	120%
6						

「次のデータ」を入力するセル範囲を取得したい

■ マクロで新規データの入力位置を取得する

　データを蓄積していく場合、縦、または横にどんどんと新規のデータを入力していきますよね。マクロで値を入力する場合も同様で、まず「新規データを入力するセル」をなんらかの方法で取得し、そのセルに対して値を入力していきます。

　このような特定列の新規データの入力位置を取得する場合には、「**Endプロパティ**」で取得できる「終端セル」を利用するのが便利です。

特定列の「次のデータ」の入力位置を取得する構文
```
列の終端セル.End(xlUP).Offset(1)
```

　「終端セル」とは、任意のセルを選択し、Ctrl + **矢印キー**を押したときに選択される、「一連のセルの端」にあたるセルです。ある列の最終行のセルから上方向の終端セルを取得すれば、「その列の最終セル」が得られます。その1つ下のセルが「新規データの入力セル」となります。

　また、表形式の場合には考え方を変えて、「見出しとなるセル範囲から、現在の表全体の行数分だけ下方向にオフセットした位置」が、新規レコードの入力範囲となります。

特定の表の「次のレコード」の入力位置を取得する構文
```
見出しのセル範囲.Offset(表の行数)
```

　表全体の行数を数える方法はいろいろありますが、「表全体のセル範囲

.Rows.Count」で取得するのがお手軽です。

特定列と特定の表の新規データ入力セルを取得する

次のマクロは、B列の新規データ入力位置を選択します。マクロでは、「Cells(Cells.Rows.Count,"B")」でB列のいちばん下のセルを取得し、そこから「End(xlUp)」で上方向に走査して終端セルを取得し、さらに「Offset(1)」で1行分下方向にあるセルを取得しています。

B列の「次のデータ」入力位置を選択　　7-72：新規データの入力位置.xlsm

```
01  Sub B列の新規データ入力位置を選択()
02      Cells(Cells.Rows.Count, "B").End(xlUp).Offset(1).Select
03  End Sub
```

次のマクロは、セルD2を起点とする表の新規データ入力位置を選択します。マクロでは、「表全体のセル範囲.Rows.Count」で取得した表全体の行数分、表の見出しのセル範囲からオフセットした位置のセルを取得しています。

セルD2を起点とする表の「次のデータ」入力位置を選択　7-72：新規データの入力位置.xlsm

```
01  Sub 表の新規データ入力位置を選択()
02      'セルD2を起点とする表のセル範囲をセット
03      Dim tableRng
04      Set tableRng = Range("D2").CurrentRegion
05      '見出し行から全体の行数分オフセットしたセル範囲を選択
06      tableRng.Rows(1).Offset(tableRng.Rows.Count).Select
07  End Sub
```

図2：マクロの結果

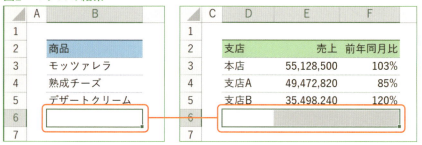

「次のデータ」を入力するセル範囲を取得できた
（左図：1つ目のマクロ、右図：2つ目のマクロ）

ちょっと長めのコードとなりますが、一度意味を考えて理解できると、さまざまな場面で使える、かゆいところに手が届くコードです。ぜひお試しを。

表データの操作　　　　　　　　　　　　　　ミス減　便利

073 | 連番の最新値を取得して入力する

図1：連番を作成したい

	A	B	C	D	E
1					
2		商品一覧			
3		ID	商品名	価格	
4		101	マルゲリータ	1,300	
5		102	クワトロ・フォルマッジ	1,600	
6		103	ビアンカチッチョリ	1,600	
7		104	4種のキノコ	1,500	
8					
9					

データを作成する際に、決まったルールの連番を自動作成したい

■ マクロで新規IDを計算する

　商品リストや社員リストなど、何かしらのリストを作成する場合には、ほかの値と重複しないID番号を振っておくと何かと便利です。このID番号の作成方法はいろいろとありますが、今回は、「MAXワークシート関数を利用して、その列の最大値を算出し、その値に1だけ加算した値を新規ID番号とする」というルールで作成してみましょう。

　ワークシート関数をマクロで利用するには、WorksheetFunctionオブジェクトの仕組み（P.104）を使います。また、任意の列全体を取得するには、基準となるセルを指定して「**EntireColumnプロパティ**」で取得できます。この仕組みを組み合わせると、次の構文で「任意の列の最大値」が求められます。

任意の列の最大値を求める構文
```
WorksheetFunction.Max(基準セル.EntireColumn)
```

■ 連番を自動入力する

　次のマクロは、アクティブセルに新規連番を入力します。前節の新規データ入力位置を取得する仕組みと組み合わせると、新規データ入力位置を選択

した上で、連番を自動入力する仕組みも作成できますね。

アクティブセルに連番を入力する

7-73：連番の作成.xlsm

```
01  Sub 連番作成()
02      'アクティブセルを基準に最大値を求める
03      Dim maxNo
04      maxNo = WorksheetFunction.Max(ActiveCell.EntireColumn)
05      '連番に＋1した値を入力
06      ActiveCell.Value = maxNo + 1
07  End Sub
```

図2：マクロの結果

連番を自動入力できた

ここもポイント ｜ 接頭辞が付いている場合の連番作成

「PZ-01」「PZ-02」など、特定の品番を含む連番を作成したいというような場合も、ひと手間かかりますが、マクロで取得可能です。

図3：接頭辞がある場合にはひと手間必要

「PZ-」という接頭辞付きなどのひと手間かけた連番もマクロなら簡単に作成できる

「接頭辞を取り除いた数値の最大値を計算し、それにプラス1した値に、接頭辞を付け直した値を返す」といった関数を作成しておくと、より手軽に利用できます。具体的なコードを知りたい方はサンプルを参照してください。

表データの操作　　　　　　　　　　　　　ミス減　便利

074 参照式がズレているセルに色を付ける

図1：実は参照式がズレてしまっている場合

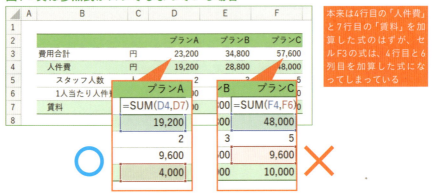

本来は4行目の「人件費」と7行目の「賃料」を加算した式のはずが、セルF3の式は、4行目と6列目を加算した式になってしまっている

■ 参照式にズレがないかを定期的にチェックする

　表形式で計算を行う際に気を付けたいのが、参照式のズレです。図1は「費用合計」行に、「人件費」行と「賃料」行の合計を計算する表なのですが、セルF3の「プランC」の計算だけ、セル参照がズレてしまっています。

　このようなミスは、データを追加・修正しているうちに紛れ込み、なかなか見つからない厄介なミスになります。そこで、マクロの出番です。

　Rangeオブジェクトの「**RowDifferencesメソッド**」は、行の参照式に関して、引数に指定したセルと同じかどうかをチェックし、異なるセルがある場合にはそのセル範囲を返してくれるメソッドです。

行の参照チェックをする構文
```
チェック範囲.RowDifferences(正しいセル範囲)
```

　簡単に言うと、「この行に、お手本のセルの参照式と違うセルあるか調べて」という作業ができます。ちょっと使い方にクセがあるので、実際のコードを見てみましょう。次のマクロは、セルD3の参照式を「お手本」とし、セル範囲D3:F3において、行の参照式がズレているセルに対して背景色を設定します。「間違っていますよ」という箇所に色を付けるわけですね。

行の参照式がズレているかチェック　　　　　　　7-74：参照式のチェック.xlsm

```
01  Sub 参照式がズレているセルに色を付ける()
02      Dim baseRng, checkRng, rng
03      '正しい数式のセルとチェックしたいセル範囲を指定してチェック
04      Set baseRng = Range("D3")
05      Set checkRng = Range("D3:F3")
06      Set rng = checkRng.RowDifferences(baseRng)
07      If Not rng Is Nothing Then
08          rng.Interior.Color = rgbYellow
09      End If
10  End Sub
```

図2：マクロの結果

	D	E	F
2	プランA	プランB	プランC
3	23,200	34,800	57,600
4	19,200	28,800	48,000
5	2	3	5
6	9,600	9,600	9,600
7	4,000	6,000	10,000
8			

お手本セルであるセルD3の式と比較し、行の参照がズレてる式が入力されているセルに色を付けられた

RowDifferencesメソッドは、戻り値として「ズレのあるセル」をまとめて返す珍しいメソッドです。まずは、変数に結果をセットします。

`Set rng = checkRng.RowDifferences(baseRng)`

ズレが全くなかった場合は、「Nothing」という「何もないですよ」という意味を表す値がセットされます。そのため、「結果がNothingかどうか」で参照式がズレているセルがあるかどうかを判定し、ある場合には変数を通じて対象セルを操作します。

よく使いまわす表ほど、このズレは生じやすいものです。最初の、あるいは集計の仕上げチェックの際にパッと確認したい場合に使っていきましょう。

ここもポイント｜列の参照式のズレはColumnDifferencesメソッド

行の参照式ではなく、列の参照式のズレをチェックしたい場合には、ColumnDifferencesメソッドを利用します。使い方はRowDifferencesメソッドと同じです。具体的なコードを知りたい方は、サンプルを参照してください。

文字の書式設定　　　　　　　　　　　　　　見映え　5行以内

075 | 定番フォントの組み合わせに統一する

図1：フォントの統一

いろいろなブックからデータをコピーしてきたのでフォントがバラバラな状態

↓

フォントを統一できた

マクロでフォントを統一

複数のブックやWebからデータをコピーして作表した場合、フォントの種類がバラバラになりがちで、表が読みづらくなってしまいます。また、社内ルールや取引先に応じて、「見やすい・見慣れている」フォントに統一した上で資料を提出したい場合もあるでしょう。

そこでマクロの出番です。手軽に「定番フォント」へと統一できる仕組みを作成しておくと、「いつもの見た目」にすぐに修正できるようになります。

マクロでフォントを変更するには、対象セル範囲を指定し、「**Font**プロパティ」で取得したフォント情報の集まったオブジェクトから、さらにフォント名を扱うプロパティである「**Name**プロパティ」を利用します。

Font.Nameプロパティでセルのフォントを設定する構文
```
セル範囲.Font.Name = "フォント名"
```

図2：［フォントの種類］ドロップダウン

フォント名は［フォントの種類］の表示をそのままコピーして文字列として指定する

フォント名は、[ホーム]タブ内の[フォントの種類]ドロップダウンリストボックスに表示されるフォント名をそのまま指定すればOKです。

シートのフォントをMSゴシック・Arialに統一する

次のマクロは、アクティブなシートのフォントを「日本語はMS ゴシック・英数字はArial」に統一します。ポイントは、フォントを指定する**セル範囲を「Cells」として、シート上の全セルを操作対象としている**点です。

そしてまず一度、フォントをMSゴシックに設定し、そのあとに「Arial」に再設定します。こうすることで、「日本語はMS ゴシック・英数字はArial」の組み合わせで指定できます。

アクティブシートのフォント変更　　　　　　　　　　7-75：フォントの統一.xlsm

```
01  Sub フォントの統一()
02      'フォントを「日本語はMS ゴシック・英数字はArial」に統一
03      Cells.Font.Name = "MS ゴシック"
04      Cells.Font.Name = "Arial"
05  End Sub
```

図3：マクロの結果

		プランA	プランB	プランC
費用合計	円	23,200	34,800	58,000
人件費	円	19,200	28,800	48,000
スタッフ人数	人	2	3	5
1人当たり人件費	円	9,600	9,600	9,600
賃料	円	4,000	6,000	10,000

「日本語はMSゴシック・英数字はArial」に統一できた

ここもポイント │ フォント変更後に行の高さを調整

フォントを変更すると、変更後のフォントに合わせて行の高さが自動調整される場合があります。その結果、かえって見づらくなることもあります。本末転倒ですね。そんな場合には、RowHeightプロパティを使ってシート全体の行の高さをフォントに合った見やすい高さに統一しましょう。

```
Cells.RowHeight = 18  'シート全体の行の高さを18に統一
```

この行の高さもフォントと同じく「いつもの高さ」を決めておくと、違和感を覚えずにデータと向き合える「いつもの表」が簡単に作成できます。

文字の書式設定　　　　　　　　　　　　　　　見映え　5行以内

076 列幅や行の高さを自動調整する

図1：列幅の自動調整

氏名	フリガナ	性別	都道府県	生年月日
安藤 志信	アンドウ	男	静岡県	#######
細川 健太	ホソカワ	男	愛知県	#######
増田 有美	マスダ　ユ女		静岡県	#######
星野 宏樹	ホシノ　ヒ男		愛知県	#######
巽　理哉	タツミ　サ男		静岡県	#######

すべてのデータが表示される列幅に自動調整する

氏名	フリガナ	性別	都道府県	生年月日
安藤 志信	アンドウ　シノブ	男	静岡県	昭和63年6月15日
細川 健太郎	ホソカワ　ケンタロウ	男	愛知県	平成6年6月19日
増田 有美	マスダ　ユミ	女	静岡県	平成23年12月4日
星野 宏樹	ホシノ　ヒロキ	男	愛知県	平成25年6月18日
巽　理哉	タツミ　サトヤ	男	静岡県	平成15年9月30日

マクロで列幅と行高を自動調整

　コピー・転記してきたばかりのデータは、そのままの列幅では長すぎたり短すぎたりして見づらいことがよくあります。既存の表であれば、列幅ごとコピーする方法もあるのですが、ちょっとした確認をしたいデータや、新規のデータの場合は列幅を手軽に調整できると便利です。

　そこでマクロの出番です。幅や高さを自動調整したいセル範囲に対して、「EntireColumn.AutoFit」と「EntireRow.AutoFit」を実行しましょう。前者は列の幅を、後者は行の高さを自動調整します。

列幅と行高を自動調整する

| セル範囲.EntireColumn.AutoFit | '列幅の自動調整 |
| セル範囲.EntireRow.AutoFit | '行の高さの自動調整 |

　アクティブセル領域を扱うCurrentRegionプロパティ（P.152）と組み合わせると、コピー&ペーストして転記した直後のデータをさっと見やすく整形するという処理も簡単に作成できますね。

表の列幅と行高を自動調整する

次のマクロはアクティブセル領域の列幅を自動調整します。結果は図1のようにすべてのデータが見える幅に調整されます。

アクティブセルを含む表の列幅と行高を自動調整　　7-76：列幅と行高の調整.xlsm

```
01  Sub 列幅と行高の自動調整()
02      'アクティブセル領域の列幅と行の高さを自動調整
03      ActiveCell.CurrentRegion.EntireColumn.AutoFit
04      ActiveCell.CurrentRegion.EntireRow.AutoFit
05  End Sub
```

次のマクロは、もう少し余白を取った表を作表します。上記のマクロで列の幅と行の高さを自動調整したあとに続けて実行すると、さらに幅を「2」、高さを「5」だけ加算して、ゆったりと余白を設けた表を作成します。

表の行幅と列高にゆとりを持たせて自動調整　　7-76：列幅と行高の調整.xlsm

```
01  Sub 行幅と列高を広めに調整()
02      Dim rng
03      '列幅と行の高さを現在値より、幅を「2」、高さを「5」広げる
04      For Each rng In ActiveCell.CurrentRegion.Columns
05          rng.ColumnWidth = rng.ColumnWidth + 2
06      Next
07      For Each rng In ActiveCell.CurrentRegion.Rows
08          rng.RowHeight = rng.RowHeight + 5
09      Next
10  End Sub
```

図2：マクロの結果

	A	B	C	D	E	F
1						
2		氏名	フリガナ	性別	都道府県	生年月日
3		安藤　志信	アンドウ　シノブ	男	静岡県	昭和63年6月15日
4		細川　健太郎	ホソカワ　ケンタロウ	男	愛知県	平成6年6月19日
5		増田　有美	マスダ　ユミ	女	静岡県	平成23年12月4日
6		星野　宏樹	ホシノ　ヒロキ	男	愛知県	平成25年6月18日
7		巽　理哉	タツミ　サトヤ	男	静岡県	平成15年9月30日

行と列の幅と高さを指定することで、余白に少し余裕を持たせた表が作成できた

文字の書式設定　　　　　　　　　　　　　　　ミス減　見映え

077 | 一発でいつもの表示形式を設定する

図1：表示形式を整えたい

表示位置や表示形式を設定していない状態　　　列単位で表示位置と表示形式を一括設定できた

■ マクロで表示形式を設定

　見やすい表を作成するには、列単位で表示位置や表示形式を整えるのがお手軽です。時にはユーザー形式の表示形式を設定することもありますが、手作業では、いったん［セルの書式設定］ダイアログボックスを表示し、［ユーザー定義］欄から設定する必要があります。ちょっと面倒ですよね。
　そこでマクロの出番です。よく使う表示形式をマクロに登録してしまえば、選択範囲や決まった位置のセルの表示形式を一発で設定できます。
　表示位置は、「**HorizontalAlignmentプロパティ**」に「左揃え／中央揃え／右揃え」に対応する組み込み定数「xlLeft／xlCenter／xlRight」を指定します。

表示位置を設定
```
セル範囲.HorizontalAlignment = xlLeft/xlCenter/xlRight
```

　表示形式は、NumberFormatLocalプロパティに表示形式文字列を指定します。

表示形式を指定
```
セル範囲.NumberFormatLocal = "表示形式文字列"
```

列単位で表示位置と表示形式を設定する

次のマクロは、B:D列の表示位置と表示形式を設定します。B列は「左揃え」・表示形式「xl-000」、C列は「右揃え」・表示形式「gge/m/d(aaa)」、D列は「右揃え」・表示形式「#,###;▲#、###;[赤]0」です。

ちょっと複雑な表示形式でもマクロなら「いつもの表示形式」を確実・簡単に設定できますね。

列単位で表示位置と表示形式を設定　　　　　7-77：表示形式の設定.xlsm

```
01  Sub 表示形式を設定()
02      'B列を「左揃え」、C:D列を「右揃え」に設定
03      Columns("B").HorizontalAlignment = xlLeft
04      Columns("C:D").HorizontalAlignment = xlRight
05      'B、C、D列にそれぞれ表示形式を設定
06      Columns("B").NumberFormatLocal = "xl-000"
07      Columns("C").NumberFormatLocal = "gge/m/d(aaa)"
08      Columns("D").NumberFormatLocal = "#,###;▲#,###;[赤]0"
09  End Sub
```

図2：マクロの結果

	A	B	C	D	E
1					
2		取引先	日時	金額	
3		xl-001	令6/1/4(木)	54,000	
4		xl-002	令6/1/4(木)	0	
5		xl-003	令6/1/5(金)	37,980	
6		xl-004	令6/1/7(日)	▲16,800	
7					

> 表示位置とユーザー定義の表示形式を一括で設定できた

ここもポイント ｜ 表示形式文字列にダブルクォーテーションは不要

ユーザー定義の表示形式を手作業で設定する場合、「yyyy"年"m"月"d"日"」のように、プレースフォルダー文字（事前に入力されている薄い見本用の文字）以外の部分をダブルクォーテーションで囲んで指定しますが、マクロで設定する場合は「"yyyy年m月d日"」のように、特にダブルクォーテーションで囲まず指定してもOKです。プレースフォルダー部分とそれ以外の部分の判断は、自動的にしてくれます。

罫線と背景色の設定　　　　　　　　　　　　　　　基本 見映え

078 | 決まったパターンの罫線を引く

図1：罫線を引いて見やすくする

表の範囲に罫線を引いて見やすい状態にできた

マクロで罫線を引く

　表形式のデータは、罫線を引くだけで格段に見やすくなります。また、「お決まりの罫線の引き方」のパターンを決めておけば、データを見る側にとっても見慣れた形式でデータを確認できます。

　罫線をマクロで引くには、まず、セル範囲のどこの罫線を設定するかを「**Borders**プロパティ」に罫線の位置を示す組み込み定数を使って指定し、さらに、「**Weight**プロパティ」で罫線の太さを指定すると、その太さで罫線が引かれます。

Bordersプロパティで対応する場所の罫線（Borderオブジェクト）を取得
```
セル範囲.Borders(位置を示す組み込み定数)
```

Weightプロパティで罫線の太さを変える
```
罫線.Weight = 線の太さを示す組み込み定数
```

　また、罫線を消去する場合には、場所を指定した上で、「LineStyleプロパティ」に「xlNone」を指定します。

LineStyleプロパティにxlNoneを設定して罫線を消去
```
罫線.LineStyle = xlNone
```

表に「いつものパターン」で罫線を引く

次のマクロは、セル範囲B2:E7に「上端・下端は中線、行間は極細線で罫線描画」というルールで罫線を引きます。

指定セル範囲に罫線を引く　　　　　　　　　　7-78：罫線を引く.xlsm

```
01  Sub 罫線を引く()
02      Dim rng
03      Set rng = Range("B2:E7")
04      '上端・下端は中線、行間は極細線で罫線描画
05      rng.Borders(xlEdgeTop).Weight = xlMedium
06      rng.Borders(xlEdgeBottom).Weight = xlMedium
07      rng.Borders(xlInsideHorizontal).Weight = xlHairline
08  End Sub
```

図2：マクロの結果

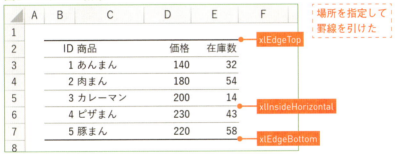

表1：罫線の場所を指定する組み込み定数（抜粋）

場所	定数	場所	定数
上端	xlEdgeTop	下端	xlEdgeBottom
右端	xlEdgeRight	左端	xlEdgeLeft
行間	xlInsideHorizontal	列間	xlInsideVertical

表2：線の太さを指定する組み込み定数

極細	通常	中	太
xlHairline	xlThin	xlMedium	xlThick

また、罫線の色を指定するには、ThemeColorプロパティに使いたいテーマの色に対応する組み込み定数を指定する、などの方法で指定します。詳しくはサンプルを参照してください。

罫線と背景色の設定　　　　　　　　　　　　　　　　　　ミス減　見映え

079 | 5行ごとに罫線を引く

図1：データ部分に5行ずつ罫線を引く

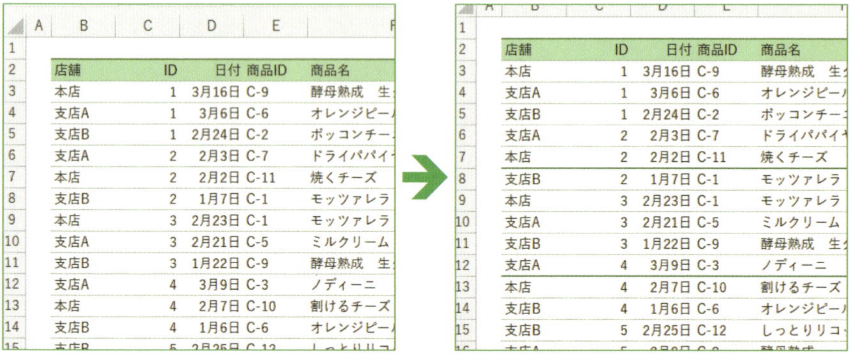

5行ごとに太実線を引いて、データを5個単位で把握しやすくしたい

■ マクロで5行ごとに罫線を引く

　縦に長い表に罫線を引く場合、一定行数ごとにタイプの異なる罫線を引くと、一定のグループごとのデータを把握しやすくなります。

　このようなケースに便利なのが、For Nextステートメントを利用したループ処理（P.56）に、「**Stepキーワード**」を加えるテクニックです。

For NextステートメントとStepキーワード
```
For  カウンタ変数 = 初期値 To 終了値 Step ステップ数
     繰り返したい処理
Next
```

　通常、For Nextステートメントでは、1回の処理が終わるたびに、カウンタ変数に「1」が加算されますが、Stepキーワードを加えてステップ数を指定しておくと、そのステップ数だけカウンタ変数に加算されます。「Step 5」とすれば「5ずつ」、「Step 10」とすれば「10ずつ」です。

　この仕組みを、罫線を引く処理に応用すれば、簡単に「5行ごと」「10行ごと」など、任意の行数ごとにタイプの異なる罫線を引くことができます。

任意の表に5行ごとに罫線を引く

次のマクロでは、セル範囲B2:I2を見出し行とする表に、300レコード分までの間で、5レコードごとに中線を引きます。

ポイントは「rowOffset = 5 To 300 Step 5」と、カウンタ変数を「5〜300までの間、5ずつ変化させる」箇所です。この値を見出し範囲からのオフセット数として利用することで、「5レコードずつ」に処理を行います。

任意の表に5行ごとに罫線を引く　　　　7-79：一定間隔で罫線を引く.xlsm

```
01  Sub 一定行数ごとに罫線を引く()
02      Dim rowOffset
03      '300レコードの間、5レコードずつ中線を引く
04      For rowOffset = 5 To 300 Step 5
05          Range("B2:I2").Offset(rowOffset) _
06              .Borders(xlEdgeBottom).Weight = xlMedium
07      Next
08  End Sub
```

図2：マクロの結果

Stepキーワードを利用することで「5レコードごと」に罫線を引けた

ここもポイント｜Stepキーワードには負の値も設定できる

Stepキーワードには負の値も設定できます。処理を終えるたびにカウンタ変数の値がステップ数だけ減算された値になります。「重複行の削除（P.182）」などの「後ろからループ処理を行ったほうが効果的な処理」を作成する場合に知っておくと便利なテクニックです。

罫線と背景色の設定　　基本　見映え

080 背景色を設定／消去する

図1：マクロからセルの背景色を設定

セルの背景色は3パターンの方法で設定できる

■ セル範囲の背景色を設定／消去する

表の見出しや集計行などには背景色を設定すると見やすくなります。次のマクロは、3種類の方法（次ページの表1参照）で背景色を設定しています。

背景色の設定　　7-80：背景色の設定と消去.xlsm

```
01  Sub 背景色の設定()
02      'RGB方式で設定
03      Range("C2").Interior.Color = RGB(255, 0, 0)
04      'カラーパレット方式で設定
05      Range("C3").Interior.ColorIndex = 4
06      'テーマカラー方式で設定
07      Range("C4").Interior.ThemeColor = 10
08      Range("C4").Interior.TintAndShade = 0.8
09  End Sub
```

任意の背景色を設定する具体的なコードが知りたい場合には、実際に色を付ける操作を［マクロの記録］機能で記録して確認してみましょう。

背景色を消去するには、セル範囲を指定し「**Interior オブジェクト**」の **Pattern プロパティ**に「**xlNone**」を指定します。

背景色の消去　　7-80：背景色の設定と消去.xlsm

```
01  Sub 背景色の消去()
02      Range("B2:D2").Interior.Pattern = xlNone
03  End Sub
```

Excelの色管理の仕組み

Excelでの色管理には、以下の3種類の方法が用意されています。

表1:3つの色管理方式

方式	説明
RGB	RGB関数を利用して赤・緑・青で構成される光の三原色の強さを指定して作成したRGB値で色を指定。RGB関数は「RGB(255,100,0)」(赤:255、緑:100、青:0)のように指定
カラーパレット	ブックごとに保存されている56色のパレットを使って指定パレットの56色は[ファイル]-[オプション]-[保存]欄のいちばん下の[色]ボタンで確認可能
テーマカラー	ブックごとに保存されている12色のテーマカラーを基準に指定テーマカラー番号は、10色までは下図参照(12色は[ページレイアウト]-[配色]-[色のカスタマイズ]で確認可能)

色が付けられるオブジェクト(背景色のInteriorオブジェクトやフォントのFontオブジェクトなど)には、この3つの方法に対応したプロパティが用意されています。このうち、好きな方式のプロパティに対応する値を指定すると、その方式で色が着色されます。

表2:3つの色管理の方式に対応するプロパティ

方式	対応プロパティ	設定値
RGB	Color	RGB関数を利用したRGB値(定数も可)
カラーパレット	ColorIndex	1~56のパレット番号
テーマカラー	ThemeColor	1~12のテーマカラー番号(定数も可)
	TintAndShade	明るさを-1(暗い)~1(明るい)の間で指定

テーマカラーのみは、「**ThemeColorプロパティ**」で基準となる色を指定し、「**TintAndShadeプロパティ**」でその色の明るさを調整する仕組みになっています。テーマカラーの色は、背景色などに色を付ける際に表示されるパレットのうち、いちばん上の行の10色が、1~10の番号(左から「1」「2」と連番で指定されている)に対応しています。

図2:テーマカラーの仕組み

ブックごとのテーマカラーは、各種のカラーパレットで確認できる

罫線と背景色の設定 | ミス減 見映え

081 | 数式の入力されているセルのみ背景色を設定する

図1：値の列と数式の列が混在している表

マクロで数式が入力されているセルのみを取得する

　数式を利用する表を利用している際には、「値を入力してほしいセル」と、「数式が入力されているので入力する必要のないセル（触らないでほしいセル）」を、なんらかのルールでわかりやすく見せる仕組みがあると便利です。

　例えば、「数式の入力されているセルは色を付ける」というルールを決めておき、使う側にも伝えれば、「ここは触ってほしくないんだな」とわかりやすくなります。しかし、この設定はなかなか面倒です。

　そこでマクロの出番です。セル範囲を指定し、**「SpecialCellsメソッド」**の引数に**「xlCellTypeFormulas」を指定して実行すれば、指定範囲内の数式が入力されているセルのみを取得**できます。

数式が入力されているセルのみ取得する構文
```
セル範囲.SpecialCells(xlCellTypeFormulas)
```

あとはこの範囲の背景色を設定する処理を追加すればOKです。手作業で確認するのとは違い、確実に数式の入力されているセルすべてに対して、一括で処理を行えます。

数式の入力されているセルに背景色を一括設定

次のマクロは、表のうちセル範囲B4:F8の中で、数式が入力されているセル範囲のみに背景色を設定します。

指定セル範囲内の数式の入力されているセルに色を付ける 7-81：数式以外のセルを取得.xlsm

```
01  Sub 数式部分のみに色を付ける()
02      Dim rng
03      '数式が入力されているセルにのみ背景色を設定
04      Set rng = Range("B4:F8").SpecialCells(xlCellTypeFormulas)
05      rng.Interior.ThemeColor = 10
06      rng.Interior.TintAndShade = 0.85
07  End Sub
```

図2：マクロの結果

指定セル範囲内で数式が入力されているセルに背景色を設定できた

結果を見ると、きちんと背景色を設定できていますね。また、「合計」を計算しているセルF9にも数式が入力されているのですが、こちらは最初に指定したセル範囲外のセルなので処理対象にはなっていない点も便利ですね。

ここもポイント ｜ 上書きされてしまっているかどうかの確認も可能

数式の入力されているセルを取得する仕組みは、「上書きされてしまっている箇所がないか」の確認にも利用できます。選択してみて、数式が入力されているはずのセルが選択されていなければ、上書きされている可能性が高いわけですね。

表データの整形　　　　　　　　　　　　　　　　　　　　ミス減 見映え

082 | 3行ごとに空白行を挿入する

図1：3行ごとに空白行を入れたい

3行ごとに空白行を挿入してデータを整理したい

■ マクロで一定間隔ごとに行を挿入する

　縦に長い表を見やすくするためや、小計用の行をまとめて用意するために、一定間隔で空白行を入れるマクロを作成してみましょう。

　基準となるセルの位置に空白行を挿入するには、「**EntireRowプロパティ**」で基準セルを含む行全体を取得し、「**Insertメソッド**」で行を挿入します。

基準セルの位置に空白行を挿入する構文
基準セル.EntireRow.Insert

　あとはこの処理をループ処理で繰り返せばよさそうですが、「行の挿入」となると少し気を付けなくてはいけない点があります。それは、**行を挿入したことにより、対象セル全体が1行分下にズレる**点です。

　ズレへの対処はいろいろな方法があるのですが、今回は「あらかじめズレを考慮して、一定間隔にプラス1した間隔を計算して利用する」という方法でマクロを作成してみましょう。

　次のマクロは、セル範囲B2:F2を見出し行とする、総レコード数が16行分の表に対して、3行ごとに空白行を挿入します。

　16行に対して「3行ごと」に空白行を入れるので、空白行を入れる回数は

「16/3」で求められます。つまり、5回空白行を挿入すればいいことになります。ループ処理内での挿入の基準セルは、「3行＋挿入分の1行」、つまり「4行」に、カウンタ変数の回数分を乗算した数だけオフセットして求めています。1回目は「1*4」で「見出しから4行下」、2回目は「2*4」で「見出しから8行下」というわけですね。

3行ごとに空白行を挿入

7-82：一定間隔でセルを挿入.xlsm

```vb
01  Sub 一定行数ごとに空白行を挿入()
02      '空白行を入れたい行数とプラス1した数をそれぞれ指定
03      Dim i, rowCount, offsetRow
04      rowCount = 3
05      offsetRow = rowCount + 1
06      '16個のレコードに3行ずつ空白を挿入する回数分だけループ
07      For i = 1 To Int(16 / rowCount)
08          Range("B2:F2").Offset(i * offsetRow).EntireRow.Insert
09      Next
10  End Sub
```

図2：マクロの結果

	A	B	C	D	E	F
1						
2		商品	支店A	支店B	本店	総計
3		オレンジピール	127,160	79,560	58,480	265,200
4		グリーン	46,560	69,120	25,920	141,600
5		しっとりリコッタ	14,850	66,000	75,350	156,200
6						
7		ドライパパイヤ	43,520	53,040	29,240	125,800
8		ノディーニ	42,900	24,750	47,300	114,950
9		ボッコンチーニ	50,600	48,400	25,850	124,850
10						
11		ミルクリーム ガーリック	67,100	44,000	85,250	196,350
12		ミルクリーム プレーン	74,250	62,700	63,250	200,200
13		グリーン	46,560	69,120	25,920	141,600
14						
15		しっとりリコッタ	14,850	66,000	75,350	156,200
16		モッツァレラ	33,800	22,880	75,400	132,080
17		割けるチーズ	28,500	36,500	48,500	113,500
18						
19		酵母熟成	91,140	40,670	49,980	181,790
20		酵母熟成 生タイプ	71,390	67,850	20,060	159,300
21		焼くチーズ	20,400	27,600	68,400	116,400
22						
23		ノディーニ	42,900	24,750	47,300	114,950
24						

もともと16行分のデータを持っていた表に、3行ごとに空白行を挿入できた

　結果を確認すると、3行ごとに空白行を挿入した表が作成できていますね。このように、「一定間隔で行う処理を、指定回数繰り返したい」場合には、回数分だけFor Nextステートメントでループし、カウンタ変数と間隔を管理する変数を乗算した結果を利用してコードを書くと、すっきりとまとめられます。

表データの整形　　　　　　　　　　　　　　　　　　　　　5行以内　便利

083 表のデータ部分を扱いやすくするコツ

図1：表の見出しを除いた範囲を選択したい

	A	B	C	D
1				
2		ID	商品名	価格
3		pz-01	マルゲリータ	1,300
4		pz-02	クワトロ・フォルマッジ	1,600
5		pz-03	ビアンカチッチョリ	1,600
6		pz-04	4種のキノコ	1,500
7		pz-05	マリナーラ	900
8				

> 表の見出しを除いたデータ範囲のみを取得するパターンを決めておくと何かと便利

表のデータ部分を取得するパターンを決めておこう

　表形式でまとめられているデータを操作する際には、自分なりの「見出しを除いたデータ範囲」を取得するパターンを1つ決めておくと、何かと便利です。データのコピーや、XLOOKUPワークシート関数を利用した表引きや集計などを行う際、見出し部分が邪魔になってしまう機会が割とあるのです。

　いろいろな方法があるのですが、筆者は関数用のモジュール「func」を用意し、そこに下記の関数「GetDataRange」を作成しています。

funcモジュール上の関数GetDataRange　　　　　7-83：レコード単位で取得.xlsm

```
01  '受け取ったセル範囲から先頭行を除いた範囲を返す関数
02  Function GetDataRange(rng)
03      Set GetDataRange = rng.Resize(rng.Rows.Count - 1).Offset(1)
04  End Function
```

　引数として受け取ったセル範囲から、先頭行のセル範囲を除いたセル範囲を返しています。例えば、セル範囲B2:D7の表の、見出しを除いたセル範囲を選択するには、次のようにコードを記述します。

関数GetDataRangeの呼び出し例
```
func.GetDataRange(Range("B2:D7")).Select
```

「3レコード目」を削除する

見出しを除いたセル範囲にRowsプロパティを組み合わせると「1レコード目のデータをコピー」「3レコード目を削除」といったように、「○レコード目のデータ」という考え方で目的のセルを扱えます。いちいち「3番目のレコードセルは…」などと考えずに済むので、非常に便利になるのです。

○番目のレコードを扱うという考え方で書けるコード
見出しを除いたセル範囲.Rows(レコード番号)

次のマクロは、前述の関数GetDataRangeと上述のコードを利用し、表の「1レコード目」に背景色を設定して「3レコード目」を削除します。

見出しを除いたセル範囲を操作する　　　　　7-83：レコード単位で取得.xlsm

```vba
Sub レコード単位で扱いやすくするコツ()
    'セルB2を起点とする表から、見出しを除いたセル範囲を取得
    Dim dataRng
    Set dataRng = func.GetDataRange(Range("B2").CurrentRegion)
    'Rows(レコード番号)という形式で目的のセル範囲を操作
    dataRng.Rows(1).Interior.Color = rgbYellow
    dataRng.Rows(3).Delete Shift:=xlShiftUp
End Sub
```

図2：マクロの結果

 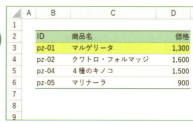

「○番目のレコードを操作する」という考えでコードが記述できる

ここもポイント | **セルの削除など「ズレる」処理の場合は再取得を**

表内の任意のレコードを「削除」した場合は、データ範囲のセル参照や「レコード番号」も削除した分だけズレるため、再度データ範囲を取得し直してから操作する必要が出てくることもあります。注意しましょう。

表データの整形 | ミス減 | 便利

084 表の重複を削除する

図1：重複するIDのデータを削除する

B列の値を基に重複を判断して削除したい

マクロで重複を削除する

　同じ表に重複入力してしまったデータをチェックし、重複するものは削除するマクロを作成してみましょう。いろいろな方法がありますが、本書では練習も兼ねて「重複をチェックする列で表を並べ替えておき、重複データの行を削除する」方法をご紹介します。

　一見、「重複を削除する」処理は「上から重複をチェックしていき、重複したら行ごと削除する」というループ処理でうまくいきそうです。しかし、実はこの処理は期待通りに動作しません。削除系の処理は、「削除した分だけ処理対象がズレる」ためです。

　このような、**途中で処理対象が減る可能性がある処理は、逆順でチェックする**という考え方が基本となります。上から下ではなく、下から上に削除していくのです。だんだんと上のセルへと逆順でループ処理を進めていけば、途中で削除処理が行われても、変化するのは下方向のセルだけ、つまりチェック済みであり、以降の処理には関係のない箇所だけになります。これなら残りの処理対象がズレることはありません。

選択セル範囲内に重複行がある場合に行ごと削除する

次のマクロはB列の値をチェックし、重複行を削除します。チェック範囲はFor Nextステートメントの開始値を「11」、終了値を「4」、ステップ数を「-1」とすることで、「11〜4行目を逆順にチェック」しています。

逆順チェックの仕組みで重複行を削除　　　　　　　　　　7-84：重複の削除.xlsm

```
01  Sub 重複を逆順チェックで削除()
02      Dim rowNo, rng
03      '対象列を逆順ループし1つ上と同じ値ならその行全体を削除
04      For rowNo = 11 To 4 Step -1
05          Set rng = Cells(rowNo, "B")
06          If rng.Value = rng.Offset(-1).Value Then
07              rng.EntireRow.Delete
08          End If
09      Next
10  End Sub
```

図2：マクロの結果

上から順にループすると、ズレのためにうまく行かない箇所が出てくる

下から順にループすると、ズレは生まれずに意図通りに削除できる

「削除が絡む処理はズレを意識」「削除が絡む場合は逆順ループ」という考え方を持っておくと、いろいろな場面で役に立つでしょう。

表データの整形　　　　　　　　　　　　　　　　　タイパ　ミス減

085 | コピーしてきたカンマ区切りのデータを列ごとに配分する

📗 特定ルールで区切られたデータを展開（パース）する

　ほかのアプリから出力したデータやWeb上のデータには、カンマ区切りで列記された状態のものが多くあります。この形式のデータをExcelで表形式のデータとして扱えるように展開（パース）するには、シート上に一括コピーした上で、「**TextToColumnsメソッド**」を利用するのがお手軽です。

TextToColumnsメソッドでカンマ区切りデータをパース
```
データのセル範囲.TextToColumns DataType:=xlDelimited,Comma:=True
```

　あとはセル幅や書式を整えれば、より見やすい表として活用できますね。
　次のマクロでは、セル範囲B2:B7に貼り付けたカンマ区切りのデータをパースし、見やすいように列幅を自動調整します。

シート上に貼り付けたカンマ区切りのデータをパース　7-85：カンマ区切りのデータをパース.xlsm

```
01  Sub カンマ区切りのデータをパース()
02      '選択セル範囲をカンマ区切りで展開して列幅自動調整
03      Range("B2:B7").TextToColumns _
04              DataType:=xlDelimited, Comma:=True
05      Range("B2").CurrentRegion.EntireColumn.AutoFit
06  End Sub
```

図1：マクロの結果

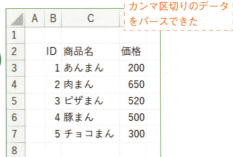

184

データ型を指定してパースする

TextToColumnsメソッドでパースする際には、おなじみの「文字列として認識してほしいデータが数値や日付として認識されてしまう問題」が発生します。また、パース結果の中に不要なデータ列が存在する場合もあります。

図2：意図通りにはパースできなかった例

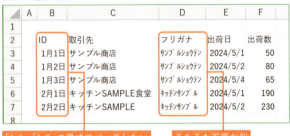

このケースでは、引数「FieldInfo」を併用し、列ごとのデータ型を指定してパースしていきましょう。

引数「FieldInfo」で列ごとのデータ型を指定する

```
セル範囲.TextToColumn FieldInfo:=データ型の指定情報
```

データ型の指定方法は、少々複雑です。「列番号」と「データ型」を1セットの組み合わせとしてArray関数で指定し、さらに、その組み合わせをArray関数で囲う形で記述します。

引数「FieldInfo」のデータ型指定方法

```
Array(Array(列番号1, 1列目のデータ型), Array(列番号2, 2列目のデータ型)…)
```

このとき、データ型の指定は表1の組み込み定数を利用します。

表1：よく使うデータ型に対応する組み込み定数

定数	データ型	定数	データ型
xlGeneralFormat	自動判定	xlTextFormat	文字列
xlYMDFormat	YMD形式の日付	xlSkipColumn	読み込まない

少々複雑ですが、1つひとつの列について、「Array(列番号, データ型)」という形式で指定を行い、最後にそれらの列ごとの指定を、さらにArray関数

でまとめる、というイメージで指定してみましょう。

次のマクロは、「1列目は文字列」「2列目は文字列」「3列目は読み込まない」「4列目はYMD形式の日付」「5列目は自動判定」というルールでセル範囲B2:B7のカンマ区切りデータをパースします。

引数「FieldInfo」を指定してパース

7-85：カンマ区切りのデータをパース.xlsm

```
01  Sub データ型を指定して展開()
02      Range("B2:B7").TextToColumns DataType:=xlDelimited, Comma:=True, _
03          FieldInfo:=Array( _
04              Array(1, xlTextFormat), Array(2, xlTextFormat), _
05              Array(3, xlSkipColumn), Array(4, xlYMDFormat), _
06              Array(5, xlGeneralFormat) _
07          )
08      '展開したデータが見えるように列幅を自動調整
09      Range("B2").CurrentRegion.EntireColumn.AutoFit
10  End Sub
```

図3：マクロの結果

カンマ区切りのデータから必要な列のみ書式を指定してパースできた

きちんと1列目の「ID」列は文字列としてパースされ、3列目の「フリガナ」列はパース対象から削除されていることが確認できますね。

特に定期的に取り込むカンマ区切りデータがある場合は、必要な箇所のみをパースする仕組みを作成しておくと、素早く正確にパースできます。

Chapter
8

図形やグラフを美しく整える

本章では図形やグラフをマクロで扱う方法をご紹介します。

図形やグラフは、セルに入力したテキストとはひと味違った印象を与える仕組みです。効果的に使えば、注目してほしい情報を強調したり、注意事項をモレなく伝えたり、読み取ってほしい意図を直感的に理解してもらったりする手助けにもなります。単純に見た目が華やかになる点も見逃せませんね。

とはいえ、きっちりと色味や形式を揃えないと、かえって散らかった印象を与えかねない仕組みでもあります。

そこで、マクロを使って図形やグラフを操作してみましょう。感覚ではなく、プログラム上の数値や設定として管理できるようになると、より図形やグラフを効果的に活用できます。

それでは、見ていきましょう。

図形・グラフの操作　　　　　　　　　　　　　　　　基本

086 シート上の図形やグラフをマクロで操作する

図1：シート上の図形をまとめて削除したい

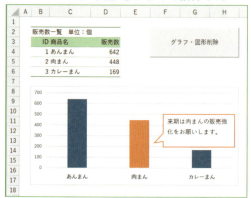

シート上の図形やグラフをマクロから操作し、一括消去したい

マクロで図形にアクセス

　シート上の図形、グラフ、そしてボタンなどは、すべて図形を管理する「**Shapeオブジェクト**」として扱われます。個々の図形にアクセスするには、シート上のすべての図形をまとめて管理している「**Shapesコレクション**」を利用し、インデックス番号や名前を使って指定します。

特定の図形を取得する構文

シート.Shapes(インデックス番号または図形の名前)

　コレクションの中からインデックス番号や名前を使って指定するのは、シートやブックを指定するときと同じ仕組みですね。ちなみに、図形の名前は、シート上で図形を実際に選択したときに、左上の［名前］ボックスに表示される名前です。マクロで扱うつもりの図形であれば、わかりやすい名前に変更しておくのがおすすめです。

図2：図形（Shape）の名前

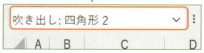

図形の名前は［名前］ボックスで確認・設定できる

すべての図形に一括処理を行う

　個別の図形ではなく、すべての図形に一括処理を行いたい場合には、対象シートのShapesコレクションに対してFor Each Nextステートメントでループ処理を行います。次のコードではシート上のすべての図形に対してDeleteメソッドを実行し、削除します。

For Each Nextステートメントで図形をまとめて処理
```
Dim shp
For Each shp In ActiveSheet.Shapes
    shp.Delete
Next
```

　また、マクロ実行用のボタンなど、一括処理の対象外としたいものがある場合には、ループ処理内にIfステートメントを利用し、処理対象としたいかどうかを判定する式を組み合わせましょう。

　次のマクロは、シート上の図形のうち「Typeの値が組み込み定数msoFormControlではないもの」、つまり、[フォーム]のボタンなどではない図形やグラフのみを一括削除します。

フォームコントロール以外の図形を削除　　　　　8-86：図形を一括削除.xlsm
```
01  Sub フォームコントロール以外を削除()
02      Dim shp
03      For Each shp In ActiveSheet.Shapes
04          'フォームコントロール(ボタンなど)以外であれば削除
05          If shp.Type <> msoFormControl Then shp.Delete
06      Next
07  End Sub
```

図3：マクロの結果

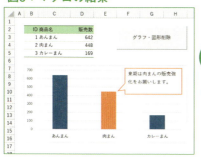 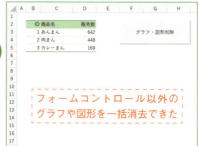

フォームコントロール以外のグラフや図形を一括消去できた

図形・グラフの操作　　　　　　　　　　　　　　　基本　見映え

087 図中の文字列を縦横中央に配置する

図1：特定の図形のテキストの表示位置を設定したい

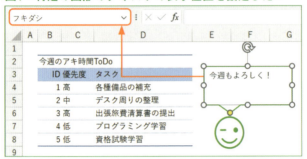

図形名を指定してテキストの表示位置を設定したい

マクロで図形のテキスト枠にアクセス

　図形にテキストを入力したり、書式を設定したりするには、まず、図形を指定し、さらに「TextFrame2プロパティ」を通じて、図形のテキスト枠を扱う「TextFrame2オブジェクト」にアクセスし、用意されている各種のプロパティに値を設定していきます。

特定の図形のTextFrame2オブジェクトにアクセスする構文
シート.Shapes("図形の名前").TextFrame2

　図形の名前は、選択時にシート左上の［名前］ボックスに表示されている名前で指定しましょう。
　実際に、マクロで指定した図形のテキスト枠のテキスト表示位置の設定を行ってみましょう。次ページのマクロは、「フキダシ」という名前の図形のテキスト枠の表示位置を「上下中央」「左右中央」に設定します。上下方向の表示位置は「VerticalAnchorプロパティ」、左右方向の表示位置は「HorizontalAnchorプロパティ」に、位置に対応する組み込み定数を指定して設定します。
　まず、テキスト枠を管理しているオブジェクトにアクセスして変数にセットし、そのあとに変数を通じてテキスト枠の各種プロパティを操作している点に注目してください。

縦方向と横方向の文字揃えを設定

8-87：図形の書式を設定.xlsm

```
01  Sub 図形の書式を設定()
02      '「フキダシ」のテキスト枠を変数にセット
03      Dim txtFrame
04      Set txtFrame = ActiveSheet.Shapes("フキダシ").TextFrame2
05      '上下の表示位置と、左右の表示位置を設定
06      txtFrame.VerticalAnchor = msoAnchorMiddle
07      txtFrame.HorizontalAnchor = msoAnchorCenter
08  End Sub
```

図2：マクロの結果

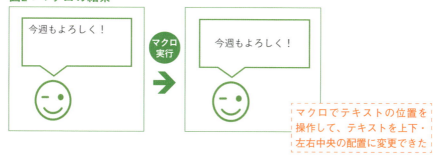

マクロでテキストの位置を操作して、テキストを上下・左右中央の配置に変更できた

選択中のすべての図形を一括操作

図形の名前をいちいち調べてコードに記述するのが面倒な場合は、「現在選択している図形」を「**Selection.ShapeRange**」で取得して操作対象に指定するのがお手軽です。次のマクロは、選択中の図形のテキスト枠のみ上下中央揃えにします。

選択中の図形のテキスト枠だけ設定

8-87：図形の書式を設定.xlsm

```
01  Sub 選択中の図形のみを操作()
02      Selection.ShapeRange.TextFrame2.VerticalAnchor = _
03                                          msoAnchorMiddle
04  End Sub
```

図3：マクロの結果

選択中の図形のみを操作できた

図形・グラフの操作　　基本　見映え

088 吹き出し内のテキストを変更する

図1：マクロでフキダシに表示するテキストを設定する

商品	販売数
あんまん	1,800
肉まん	2,400
カレーまん	1,150

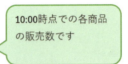

10:00時点での各商品の販売数です

商品	販売数
あんまん	1,800
肉まん	2,400
カレーまん	1,150

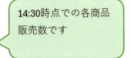

14:30時点での各商品販売数です

マクロで図形内のテキストを設定する

📄 マクロで図形のテキストを変更

　マクロで図形に表示するテキストを設定するのは、ちょっと手間がかかります。まず図形を指定し、さらに**TextFrame2オブジェクトにアクセスし、さらにTextRangeプロパティを利用して、TextRange2オブジェクトにアクセスし、そのTextプロパティの値を変更**します。

図形のテキストを変更する構文
```
図形.TextFrame2.TextRange.Text = "表示したい文字列"
```

　正直なところ、目的のプロパティにたどり着くまでちょっと長いですよね。でも、これで表示するテキストをマクロで設定できます。
　吹き出しや図形というのは、セル上に入力したテキストに比べて柔らかい印象や砕けた印象を与えたり、重点的に伝えたい情報を表現したりするのに適しています。集計結果を報告するレポートやプレゼン用の資料としたいシートにうまく配置し、計算したデータに応じたテキストを自動表示する仕組みを作っておくと、これらのブックを作成するときに役に立つでしょう。

図形を指定してテキストを設定

次のマクロは、1枚目のシート上にある図形「フキダシ」に表示するテキストを、マクロ実行時の時刻に応じて設定します。

図形「フキダシ」のテキストを設定　　　8-88：図形のテキストを変更.xlsm

```
01  Sub 図形のテキストを設定()
02      '対象の図形をセット
03      Dim shp
04      Set shp = Worksheets(1).Shapes("フキダシ")
05      '図形に表示するテキストを設定
06      shp.TextFrame2.TextRange.Text = _
07          Format(Now, "hh:mm") & "時点での各商品販売数です"
08  End Sub
```

図2：マクロの結果

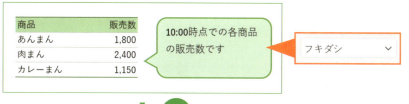

ここもポイント　なぜTextFrame「2」？

テキスト枠はTextFrame2オブジェクト、テキスト範囲はTextRange2オブジェクトで管理されています。なぜ「2」が付くかと言うと、図形の仕様が変化した際に、以前はTextFrameオブジェクトで管理していた内容を、TextFrame2オブジェクトで管理するようになったためです。

図形・グラフの操作　　　　　　　　　ミス減　見映え

089 グラフ・図形の位置や大きさを調整する

図1：図形やグラフの位置をマクロで整えたい

シートの適当な位置に配置されたグラフの位置や大きさをマクロできっちりと整えたい

マクロで図形位置と大きさを設定

　グラフや図形を利用した資料を作成する場合、位置や大きさが統一されていると、スマートな印象の見やすい資料となります。とはいえ、手作業では統一や調整はなかなか面倒です。そこでマクロの出番です。面倒な調整も一発で完了です。

　図形やグラフの位置の調整は、「**Top**プロパティ」（上端の位置）と「**Left**プロパティ」（左端の位置）を利用し、大きさの指定は「**Width**プロパティ」（横幅）と「**Height**プロパティ」（高さ）を利用します。

　また、この4種類のプロパティは、Rangeオブジェクトにも用意されています。そこで、基準となるセル範囲のそれぞれの値を、図形の同名のプロパティに代入すれば、基準となるセル範囲の位置・大きさに合わせてグラフや図形を配置できます。

図形の上端とセル範囲の上端の位置を合わせる構文
図形.Top = セル範囲.Top

　「上から10の高さ」と具体的な数値で考えるのではなく、「セルB5と同じ場所」という考え方で図形の位置や大きさを指定できるわけですね。直感的に位置や大きさを想像しやすいので、覚えておくと便利なテクニックです。

セル範囲に合わせて指定したグラフの位置と大きさを設定

次のマクロは、棒グラフ（「グラフ1」）の位置と大きさを、セル範囲E2:I11に合わせて設定します。

グラフの位置と大きさをセル範囲に合わせて設定　8-89：図形の位置とサイズを設定.xlsm

```
01  Sub グラフの位置と大きさを設定()
02      '基準セル範囲と対象グラフをセットし、位置と大きさを設定
03      Dim rng, graph
04      Set rng = Range("E2:I11")
05      Set graph = ActiveSheet.ChartObjects("グラフ1")
06      graph.Top = rng.Top
07      graph.Left = rng.Left
08      graph.Width = rng.Width
09      graph.Height = rng.Height
10  End Sub
```

図2：マクロの結果

グラフの位置や大きさを基準となるセル範囲に（図1の水色のセル範囲）合わせて設定できた

ここもポイント ｜ グラフはChartObjectsコレクションからも取得可能

本文中のマクロでは「グラフ1」を「ChartObjects("グラフ1")」として取得しています。実はグラフは図形の1つとして「Shapes("グラフ1")」でも取得できるのですが、本文中のようにシート上に作成されているグラフをまとめて管理するChartObjectsコレクション経由で取得することもできるようになっています。「図形でなく、グラフを操作したいんだ」と、あとでわかりやすいようにするには、ChartObjectsコレクションを使っていきましょう。

図形・グラフの操作

090 定番グラフを一瞬で作成する

図1：マクロでグラフの設定を行いたい

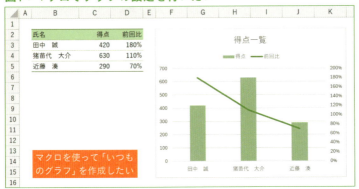

マクロを使って「いつものグラフ」を作成したい

■ マクロでグラフを作成

定期的に発行する報告書や見積書にグラフを盛り込む場合、見慣れた「定番グラフ」の書式を利用すると、違和感なくデータと向き合えます。そこでマクロの出番です。定番グラフをマクロで作成できるようにしておくと、見やすい資料を手間なくスピーディーに作成できるようになります。

マクロでグラフを作成するには、Shapesコレクションに対して、「**AddChart2メソッド**」を利用します。

AddChart2メソッドの構文
```
シート.Shapes.AddChart2 各種引数
```

単純にAddChart2メソッドを実行すると、実行時に選択されているセル範囲のデータを基にグラフを作成します。作成するグラフの種類や位置・大きさは、次ページ表1のような各種引数で指定可能です。なお、引数を省略すると、Excelが自動的に判断した種類や大きさのグラフが作成されます。

適用するスタイルやグラフの種類は対応する定数で指定しますが、どの値を利用すればいいかは、実際に目的のグラフの作成作業を［マクロの記録］機能で記録し、確認するのがおすすめです。

表1:AddChart2メソッドの引数(抜粋)

引数	用途
Style	グラフに適用するスタイル。「-1」を指定すると自動設定される
XlChartType	グラフの種類
Left	左端の位置
Top	上端の位置
Width	幅
Height	高さ

種類を指定してグラフを作成

次のマクロは選択セル範囲を基にグラフを作成します。引数「XlChartType」には、棒グラフを意味する定数「xlColumnClustered」を指定しています。

棒グラフを作成　　　　　　　　　　　　　　　　　　8-90:グラフを作成.xlsm

```
01  Sub 種類を指定してグラフ作成()
02      '選択範囲のデータを基に棒グラフを作成
03      ActiveSheet.Shapes.AddChart2 XlChartType:=xlColumnClustered
04  End Sub
```

図2:マクロの結果

結果を見てみると、選択セル範囲のデータを基に、指定した棒グラフが作成できていますね。これがAddChart2メソッドの基本の使い方になります。

AddChart2メソッドでシート上に作成されるのは、「図形としてのグラフ(「グラフシートのグラフ」との区別)」となり、具体的なグラフの要素を設定するには、さらにもうひと手間をかける必要があります。

データ範囲やタイトル・凡例・第2軸などを調整

グラフとしての設定を行うには、**図形としてのグラフのChartプロパティ**経由で、グラフの設定を管理する「**Chartオブジェクト**」へとアクセスし、作成したいグラフに沿って各種のプロパティを設定していきます。

次のマクロは、セル範囲B2:D5のデータを基に、本節冒頭の図（図1）のような2軸グラフを作成します。

10行を超えてしまってごめんなさい。ただ、グラフ設定はなかなか面倒です。マクロで大まかな設定をざっと行い、細かな箇所は手作業で応用する、などの運用をするだけでも大変便利で時短につながります。グラフに苦戦されている方はぜひ応用してみてください。

細かな設定を行ってグラフ作成　　　　　　　　　　　8-90：グラフを作成.xlsm

```
01  Sub さらに細かくグラフを設定()
02      Dim baseRng, dataRng, newChart
03      '配置するセル範囲、グラフのデータ範囲をセット
04      Set baseRng = Range("F2:K15")
05      Set dataRng = Range("B2:D5")
06      'シート上に図形としてのグラフを作成し、中のグラフにアクセス
07      Set newChart = ActiveSheet.Shapes.AddChart2( _
08          -1, xlColumnClustered, _
09          baseRng.Left, baseRng.Top, baseRng.Width, baseRng.Height _
10      ).Chart
11      'Chartオブジェクトのプロパティ・メソッドで設定を行う
12      With newChart
13          .SetSourceData dataRng    'グラフの元データ範囲を設定
14          '「前回比」の列のデータを第2軸として設定
15          .SeriesCollection("前回比").AxisGroup = xlSecondary
16          .SeriesCollection("前回比").ChartType = xlLine
17          .SetElement (msoElementLegendTop)   '凡例の位置設定
18          .ChartColor = 26                    '色の設定
19          .HasTitle = True                    'タイトルを表示
20          .ChartTitle.Text = "得点一覧"        'タイトルを指定
21      End With
22  End Sub
```

Chapter 9

乱雑なデータから瞬時に答えを導く

本章では目的のデータを見つけ出す方法や、見つけやすくする方法を中心にご紹介します。

Excelには雑多なデータからきっちりとした表まで、さまざまなデータが入力されます。その中から必要なデータを見つけ出す方法を押さえておくことで、そのあとの作業の「データを使った集計・分析」に時間と労力を注げるようになります。

シートに散らばっているデータや、表形式で入力されているデータは、それぞれ向いている「探し方」のパターンがあります。

そのパターンと、パターンに沿ったマクロの使い方の勘どころをつかんでおきましょう。

それでは、見ていきましょう。

データの確認・整理　　　　　　　　　　　　　　　タイパ

091 特定文字が入力されている セルに一括で色を付ける

図1：「チーズ」と入力されているセルをひと目で把握する

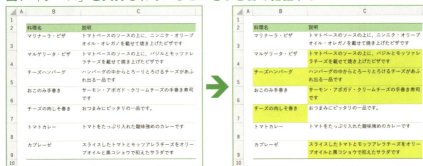

特定の単語が入力されているセルをパッと把握するために色を付けたい

目的のデータを探しやすくするために色を付ける

　特定のキーワードを持つセルの内容を確認する際には［検索］機能が便利ですが、1つひとつのセルを表示していくため、どこの、どれくらいのセルを確認すればいいかを把握するのがちょっと面倒な場合があります。そこでマクロの出番です。

　［検索］機能とセットで利用することの多い［置換］機能は、実は**書式の置換**も行えます。この仕組みを利用して、「特定キーワードで検索し、ヒットしたセルの書式を『背景色を黄色』などに置換する」処理を作成します。

　書式の置換を行うには、Replaceメソッド（P.142）の**引数「ReplaceFormat」に「True」を指定して実行**します。

書式の置換を行う構文
```
セル範囲.Replace "検索文字列", "", ReplaceFormat:=True
```

　通常Replaceメソッドは、検索文字列と置換後の文字列を指定しますが、検索文字列は検索したいキーワードを指定し、置換後文字列のほうは「""」としておきます。キーワードが空白文字列に置換されることはありません。そして、置換後の書式は、「**ReplaceFormatオブジェクト**」という、「セルの

書式見本」とでもいう専用のオブジェクトに対して設定しておきます。この書式設定は、セルに対する書式設定と同じように行えます。

例えば、「背景色を黄色にする」設定は、次のようにコードを書きます。

置換後の書式を「背景色を黄色」に設定するコード
```
Application.ReplaceFormat.Interior.Color = rgbYellow
```

すると、置換実行時に、設定を行った書式のみが適用されます。

指定キーワードを持つセルの背景色を一括設定

実際に書式の置換をマクロで行ってみましょう。次のマクロは、アクティブなシート上のセル全体に対して、「チーズ」という文字列を含むセルすべてに背景色を設定します。

「チーズ」と入力されているセルに色を付ける　9-91：特定の値を含むセルに色を付ける.xlsm

```
01  Sub 置換機能で色を付ける()
02      Dim searchStr
03      searchStr = "チーズ"
04      '置換後の書式をいったんクリア
05      Application.ReplaceFormat.Clear
06      '置換後の書式を設定して置換
07      Application.ReplaceFormat.Interior.Color = rgbYellow
08      Cells.Replace _
09          searchStr, "", lookat:=xlPart, ReplaceFormat:=True
10  End Sub
```

結果は、本節冒頭の図（図1）のようになります。パッと見ただけで、キーワードを含むセルが、どの位置に、どのくらいあるのかが把握できますね。

ここもポイント ｜ 元に戻す処理も書式の置換で作成できる

キーワードを持つセルの確認が済んだら、書式を元に戻したいところです。その場合には、同じキーワードでの書式の置換処理を「背景色なし」に置換すれば元通りです。

```
Application.ReplaceFormat.Interior.Pattern = xlNone
```

セットでマクロを作成しておくと、手軽に確認作業ができますね。

データの確認・整理　　　　　　　　　　　　　タイパ

092 | チェック用に色を付けて おいたセルに移動する

図1：色を付けておいたセルに移動

チェックしておきたいセルに色を付けておく

色を付けたセルに素早く移動してチェックしたい

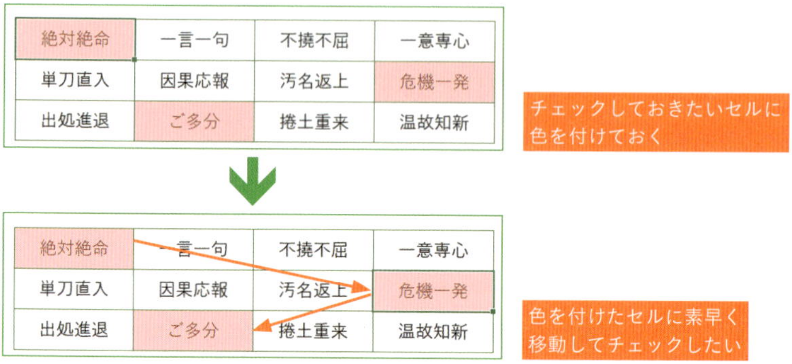

■ マクロでセルの書式を条件にして検索

　データをチェックする際、「いったん印を付けておいてあとでチェックしよう」というときは、とりあえず背景色を塗っておきましょう。実は［検索］機能は書式の検索もできるため、あとから色を塗っておいたセルに素早く移動しながら確認できるのです。

　本節では、この機能をマクロで利用してみます。［検索］機能をマクロで実行するには、検索対象とするセル範囲に対して、「**Findメソッド**」を実行しますが、書式で検索を行うには**Findメソッドの引数「SerchFormat」に「True」を指定して実行**します。Findメソッドは、戻り値として検索にヒットしたセルを返します。

書式で検索する際の構文
```
対象セル範囲.Find "", SearchFormat:=True
```

　検索したい書式は「**FindFormatオブジェクト**」に設定します。前節のReplaceFormatオブジェクトと同じ仕組みですね。

FindFormatオブジェクトの設定方法
```
Application.FindFormat.Clear
Application.FindFormat.対応する書式のプロパティ = 書式の値
```

◾ アクティブセルと同じ背景色の「次のセル」を選択する

次のマクロは、実行するたびにアクティブセルと同じ書式を持つセルを選択します。

アクティブセルと同じ書式のセルを選択　　9-92：色を付けておいたセルに移動.xlsm

```
01  Sub 色を付けておいたセルに移動()
02      '検索書式をいったんクリアしてアクティブセルの背景色に設定
03      Application.FindFormat.Clear
04      Application.FindFormat.Interior.Color = _
05                          ActiveCell.Interior.Color
06      '「次のセル」から書式検索して選択
07      Cells.Find("", After:=ActiveCell, SearchFormat:=True).Select
08  End Sub
```

図2：マクロの結果

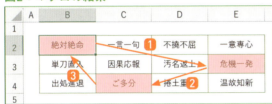

実行するたびに同じ書式を持つセルに移動する

　ポイントは2つ。1つ目は検索する書式の設定を、「アクティブセルの背景色」を使って行っている点です。こうすることで、直感的に「このセルと同じ色のセルを検索する」という指定をしやすくしています。

　2つ目はFindメソッドの「検索位置を指定する引数」である引数「After」に「ActiveCell」（現在のセル）を指定することで、「現在のセル以降のセルから検索を開始」していることです。この指定により、常に「現在のセルの、次のセル」を検索する仕組みとなっています。現在のセルと同じ書式を持つセルがない場合には、一周まわって現在のセルが検索対象セルとして返されます。

> **ここもポイント ｜ ショートカットキーに登録して活用**
>
> 「実行するたびに"次の対象"を操作する」系のマクロは、マクロをショートカットキーに登録（P.296）しておくと、より使い勝手がよくなります。

データの確認・整理　　　　　　　　　　　　　　　　　　　基本　タイパ　ミス減

093 いつも指定している順番でデータを並べ替える

図1：決まった順番で表を並べ替える

	A	B	C	D	E	F
1						
2		ID	日付	取引先	商品	数量
3		1	7月1日	サンプル商店	ねぎ	3,670
4		2	7月4日	スーパーサンプル	メンマ	3,230
5		3	7月4日	サンプル商店		
6		4	7月4日	麺処SAMPLE		
7		5	7月4日	サンプル商店		
8		6	7月4日	麺処SAMPLE		

データの入力順に並んでいる表

	A	B	C	D	E	F
1						
2		ID	日付	取引先	商品	数量
3		8	7月5日	サンプル商店	玉子	2,480
4		31	7月19日	サンプル商店	玉子	4,240
5		43	7月25日	サンプル商店	玉子	460
6		50	7月31日	サンプル商店	玉子	1,660
7		3	7月4日	サンプル商店	メンマ	250
8		12	7月7日	サンプル商店	メンマ	550

「商品」「取引先」列の指定順に並べ替えてデータをチェックしたい

マクロで表形式のデータを並べ替える

　表形式のデータは目的に応じて注目したい列をキーに並べ替えると、格段にデータが読み取りやすくなります。しかし、日々データが追加されるタイプの表では、新規データの追加後にあらためて並べ替えしないといけないのが手間になります。そこでマクロの出番です。定番の順番で並べ替えるマクロを用意しておけば、あっという間にいつもの並び順に整えられます。

　［並べ替え］機能をマクロから実行するには、セル範囲を指定して「**Sortメソッド**」を利用します。

［並べ替え］を行う構文
```
セル範囲.Sort _
    Key1:=キーとする列, Order1:=昇順／降順, _
    Header:=1行目の扱い, SortMethod:=フリガナの利用
```

　Sortメソッドにはさまざまな引数が用意されていますが、上記の4つの引数を覚えておけば、任意の列をキーに並べ替え（ソート）できます。複数列をキーに並べ替えたい場合は、いくつか方法はありますが、必要回数だけSortメソッドを繰り返すのがお手軽です。

表1：Sortメソッドの引数と設定（抜粋）

引数	設定
Key1	ソートする列。見出しに入力されている値か、セル参照で指定する
Order1	ソートのルールを昇順（xlAscending）／降順（xlDescending）で指定
Header	1行目が見出しの場合はxlYes、見出しではない場合はxlNoを指定
SortMethod	フリガナを基準としない場合はxlStroke、する場合はxlPinYinを指定

いつも指定している順番で並べ替え

次のマクロは、セルB2から始まる表を「商品」列の降順、「取引先」列の昇順の順番で並べ替えます。特定列ごとにデータをまとめて確認しやすくなりますね。

「商品」「取引先」列を基準に並べ替え

9-93：いつもの順番で並べ替え.xlsm

```
Sub 決まった順番に並べ替え()
    'セルB2を基準としたセル範囲をセット
    Dim tableRng
    Set tableRng = Range("B2").CurrentRegion
    '「商品」列を降順で並べ替えあとに「取引先」列を昇順で並べ替え
    tableRng.Sort Key1:="商品", Order1:=xlDescending, _
                  Header:=xlYes, SortMethod:=xlStroke
    tableRng.Sort Key1:="取引先", Order1:=xlAscending, _
                  Header:=xlYes, SortMethod:=xlStroke
End Sub
```

図2：マクロの結果

	A	B	C	D	E	F
1						
2		ID	日付	取引先	商品	数量
3		8	7月5日	サンプル商店	玉子	2,480
4		31	7月19日	サンプル商店	玉子	4,240
5		43	7月25日	サンプル商店	玉子	460
6		50	7月31日	サンプル商店	玉子	1,660
7		3	7月4日	サンプル商店	メンマ	250
8		12	7月7日	サンプル商店	メンマ	550
9		13	7月8日	サンプル商店	メンマ	1,810
10		15	7月8日	サンプル商店	メンマ	2,500
11		35	7月21日	サンプル商店	メンマ	3,950
12		36	7月21日	サンプル商店	メンマ	2,590
13		45	7月27日	サンプル商店	メンマ	2,650

「商品」「取引先」単位で並べ替え。取引先ごと・商品ごとのデータが把握しやすくなった

データの抽出と活用 　　　　　　　　　　　　　　　　　基本 便利

094 | 定番のフィルターでデータを抽出する

図1：マクロからフィルターをかけたい

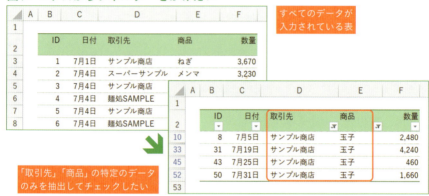

すべてのデータが入力されている表

「取引先」「商品」の特定のデータのみを抽出してチェックしたい

■ マクロで表形式のデータを抽出する

マクロで表形式のデータを目的に応じて抽出するには、セル範囲を指定して「**AutoFilterメソッド**」を利用します。

AutoFilterメソッドの構文
```
セル範囲.AutoFilter Field:=列番号, Criteria1:=抽出したい値
```

例えば、セル範囲B2:F12の3列目を「本店」という値でフィルターをかけるには、次のようにコードを記述します。

3列目を「本店」でフィルターをかける
```
Range("B2:F12").AutoFilter Field:=3, Criteria1:="本店"
```

複数の列でキーにフィルターをかけたい場合には、同じセル範囲に対してAutoFilterメソッドを繰り返し実行しましょう。なお、フィルターを「何もかけていない状態」としたい場合には、**引数を何も指定せずにAutoFilterメソッドを実行**します。

次のマクロは、セルB2を基準としたセル範囲に対して、「3列目の値が『サンプル商店』」、「4列目の値が『玉子』」のデータを抽出します。

決まった抽出条件でフィルター

9-94：いつもの条件で抽出.xlsm

```
01  Sub 決まった条件でフィルター()
02      'セルB2を基準としたセル範囲をセット
03      Dim tableRng
04      Set tableRng = Range("B2").CurrentRegion
05      'いったん現在の抽出条件をクリアしてから抽出
06      tableRng.AutoFilter
07      tableRng.AutoFilter Field:=3, Criteria1:="サンプル商店"
08      tableRng.AutoFilter Field:=4, Criteria1:="玉子"
09  End Sub
```

図2：マクロの結果

	A	B	C	D	E	F
1						
2		ID	日付	取引先	商品	数量
10		8	7月5日	サンプル商店	玉子	2,480
33		31	7月19日	サンプル商店	玉子	4,240
45		43	7月25日	サンプル商店	玉子	460
52		50	7月31日	サンプル商店	玉子	1,660
53						

「取引先」「商品」の列に抽出条件を設定して、抽出できた

同じ対象に連続して指示を行うのに便利なWithステートメント

ところで、前述のマクロでは、同じセル範囲「tableRng」に対して3回AutoFilterメソッドを利用していますね。このような「同じ対象に対して何回か命令したい」場合には、「**Withステートメント**」が便利です。

Withステートメントで整理したコード例

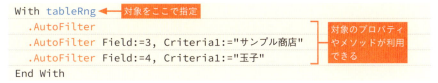

```
With tableRng          ←対象をここで指定
    .AutoFilter
    .AutoFilter Field:=3, Criteria1:="サンプル商店"
    .AutoFilter Field:=4, Criteria1:="玉子"
End With
```

対象のプロパティやメソッドが利用できる

「With」の後ろに操作対象を記述すると、「End With」までの間のコードは「.プロパティ名または.メソッド名」で、指定した対象のプロパティやメソッドが利用できるようになります。「同じ対象を操作しているんだな」ということも明確になりますので、うまく利用していきましょう。

データの抽出と活用　便利

095 「ア」行のデータを抽出する

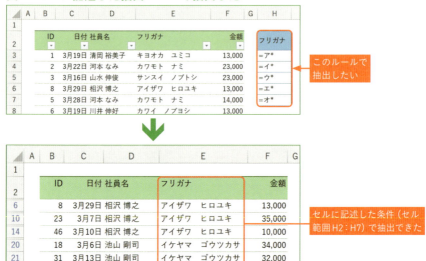

図1：セルに記述した抽出ルールで抽出したい

このルールで抽出したい

セルに記述した条件（セル範囲H2：H7）で抽出できた

マクロでフィルターの［詳細設定］機能を利用する

　フィルター機能には、セル上に記述した条件に従って抽出を行う、**［詳細設定］機能**が用意されています。抽出条件は、直接セル上に抽出対象としたい列見出し名を記述し、その下に対象とする値を列記して作成します。

　このとき、「=ア*」のように「*（アスタリスク）」を使用すると、「任意の文字」を表すワイルドカードとして扱えます。つまりは、「=ア*」という値は、「"ア"から始まって、以降はなんでもよい」という意味になります。

　マクロでこの［詳細設定］機能を利用するには「**AdvancedFilterメソッド**」を利用します。

フィルターの［詳細設定］機能の構文

```
抽出対象データ範囲.AdvancedFilter _
    Action:=xlFilterInPlace, CriteriaRange:=抽出条件セル範囲
```

208

抽出条件の数が多い場合や、「ア」行で始まるデータなど、少し複雑なフィルターをかけたい場合に覚えておくと便利な仕組みです。

「ア」行のデータのみ抽出

次のマクロは、セルB2から始まる表を、「フリガナ列がア行」という抽出条件で抽出します。

フィルターの[詳細設定]機能で抽出　　　　　　　　　　　9-95：ア行で抽出.xlsm

```
01  Sub ア行だけ抽出()
02      '抽出したいデータと抽出条件の記述されたセル範囲をセット
03      Dim tableRng, queryRng
04      Set tableRng = Range("B2").CurrentRegion
05      Set queryRng = Range("H2:H7")
06      '[詳細設定]機能で抽出
07      tableRng.AdvancedFilter _
08              Action:=xlFilterInPlace, CriteriaRange:=queryRng
09  End Sub
```

図2：マクロの結果

セル範囲H2:H7に記述した抽出条件を満たすデータを抽出できた

抽出条件をいちばん上のセル（H2）に書くというひと手間がかかりますが、フィルター機能だけでは指定が難しい複雑な抽出条件や、複数の抽出条件をまとめて指定して抽出したい場合に覚えておくと役に立ちます。

> **ここもポイント** ｜ 「=」を文字列として入力するには
>
> 図2の条件式「=ア*」のように、セルにイコールから始まる文字列を入力したい場合には、セルの書式を「文字列」にしてから入力するか、「'=ア*」のように先頭に「'（アポストロフィー）」を付けて入力しましょう。

データの抽出と活用　　　　　　　　　　　　　　　　　　　　便利

096 | 重複を取り除いたリストを作成する

図1：特定列のユニークな値のリストを取得したい

ID	担当者	地区	金額
1	大澤	本店	410,000
2	萬谷	神奈川	890,000
3	大澤	本店	1,320,000
4	和田	名古屋	360,000
5	白根	本店	2,930,000
6	大澤	本店	2,200,000
7	白根	本店	2,610,000
8	萬谷	神奈川	720,000
9	和田	名古屋	2,390,000
10	大澤	本店	480,000

Microsoft Excel
担当者リスト：大澤・萬谷・和田・白根
OK

表の特定列のデータから、重複を取り除いたリストを作成したい

マクロでユニークなデータを抽出する

　表形式のデータを利用していると、特定列での重複を除いた値のリスト（**ユニークな値のリスト**）が欲しい場面があります。

　このユニークな値のリストは、**Excel 2021以降であればUNIQUEワークシート関数**を利用することで簡単に取得できます。「func」という名前の新規モジュールに、UNIQUEワークシート関数を使った自作関数を作ってみましょう。

　次の関数UniqueListは、引数として渡した縦方向のセル範囲の値を基に、ユニークな値のリストを配列（1次元配列）の形で返します。

UNIQUEワークシート関数が使える場合のコード　9-96：ユニークなリストを作成.xlsm

```
Function UniqueList(arr)
    UniqueList = WorksheetFunction.Transpose( _
                WorksheetFunction.Unique(arr) _
    )
End Function
```

　この関数は、「func.UniqueList(セル範囲)」の形で呼び出せます。

関数UniqueListの使用例 　　　　　　　　　9-96：ユニークなリストを作成.xlsm

```
01  Sub ユニークなリストを取得()
02      Dim list, i
03      'セル範囲C3:C12の値を基にユニークなリストを作成
04      list = func.UniqueList(Range("C3:C12").Value)
05      '作成したリストの値を1つずつ取り出す
06      For i = 1 To UBound(list)
07          Range("G2").Offset(i).Value = list(i)
08      Next
09      '作成したリストを連結して表示
10      MsgBox "担当者リスト:" & Join(list, "・")
11  End Sub
```

図2：マクロの結果

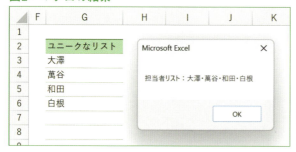

指定列のデータ範囲を基に、重複を取り除いたリストを作成できた

　関数UniqueListの結果は、インデックス番号が1から始まる1次元配列なので、インデックス番号を指定して特定の値の取り出しや、Join関数でまとめて連結して扱えるようになります。

　UNIQUEワークシート関数は結果をワークシート上に表示しますが、ワークシート上に結果を表示することなく、そのまま結果のみをほかの処理と組み合わせて利用したいときに便利ですね。

ここもポイント｜UNIQUEワークシート関数が利用できない環境では

UNIQUEワークシート関数はExcel 2021以降で利用できる関数のため、マクロを実行する環境によっては利用できないこともあります。その場合には、別途自前でユニークなリストを作成する関数を用意してみましょう。サンプルにその一例を作成してありますので、確認してみてください。

097 フィルターの結果を転記する

マクロでフィルターの結果を転記する

フィルター機能で抽出した結果をほかの場所にコピーするには、表形式のセル範囲を指定し、AutoFilterメソッドでフィルターをかけたあと、同じ範囲をCopyメソッドでコピーして転記するだけでOKです。転記先には、フィルターの抽出結果のみが貼り付けられます。

次のマクロでは、セルB2を基準とした表から、「3列目の値が"清岡 裕美子"」という抽出条件での抽出結果のデータのみを、セルG2を起点とする位置にコピーします。

セルB2を基準としたセル範囲をフィルター＆転記 9-97：フィルターの結果を転記.xlsm

```
01  Sub フィルターの結果を転記()
02      'セルB2を基準としたセル範囲をセット
03      Dim tableRng
04      Set tableRng = Range("B2").CurrentRegion
05      'フィルター⇒コピー⇒フィルター解除
06      tableRng.AutoFilter Field:=3, Criteria1:="清岡 裕美子"
07      tableRng.Copy Range("G2")
08      tableRng.AutoFilter
09  End Sub
```

図1：マクロの結果

既存の表から任意の抽出結果となるデータのみを転記できた

テーブル機能のセル範囲の扱いは少し注意

　テーブル機能を利用しているセル範囲のフィルター結果の転記には少し注意が必要です。テーブル範囲は「実行時にテーブル内のセルが選択されているかどうか」によって、コピー時の挙動が変わります（P.219）。

　次のマクロは、挙動の違いを受けないよう「目的のテーブル範囲（「取引履歴」テーブル）へジャンプして選択状態にし、抽出＆コピー」します。

テーブル範囲にいったんジャンプしてから抽出　　9-97：フィルターの結果を転記.xlsm

```
01  Sub 指定テーブルの抽出結果を転記()
02      'テーブルと転記先を指定
03      Dim tableRng, pasteRng
04      Set tableRng = Worksheets(2).ListObjects("取引履歴").Range
05      Set pasteRng = Worksheets(3).Range("B2")
06      'テーブル範囲へジャンプ⇒フィルター⇒コピー
07      Application.Goto tableRng
08      tableRng.AutoFilter Field:=3, Criteria1:="清岡 裕美子"
09      tableRng.Copy pasteRng
10  End Sub
```

図2：マクロの結果

指定テーブルからの抽出結果のみを「転記先」シートにコピーできた

　2枚目のシート上にある「取引履歴」テーブルのデータを抽出し、3枚目のシートのセルB2を起点とした位置にコピーします。抽出・コピー前には、任意のセル範囲へとジャンプするApplicationGotoメソッドを利用して、指定テーブル内のセルに移動しています。

> **ここもポイント｜データの転記後に元の位置に戻るには**
>
> マクロ実行後に元のセル位置に戻しておきたい場合には、引数を指定せずにApplication.Gotoメソッドを実行しましょう。すると、直前のジャンプを行う前のセル位置へ戻ります。具体的なコードはサンプルを参照してください。

データの抽出と活用　　　　　　　　　　　　　　　ミス減 タイパ 便利

098 抽出したデータから必要な列だけを転記する

図1：セルに記入しておいた見出しのデータのみを抽出する

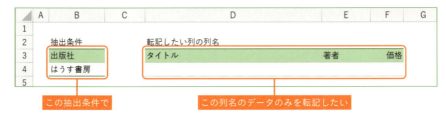

マクロでフィルターの[詳細設定]機能を利用して転記する

　大量の列を持つ表から必要なデータを抽出したものの、実は作業に必要な列はそのうちの2～3列だけというケースでは、利用したい列のデータだけ転記する方法を用意しておくと便利です。そこでマクロの出番です。

　フィルターの[詳細設定]機能には、「転記したい列のデータのみを転記」する機能も用意されているので、この機能を利用します。

必要な列のみを転記する構文

```
対象データ範囲.AdvancedFilter _
              Action:=xlFilterCopy, _
              CriteriaRange:=抽出条件を記述したセル範囲, _
              CopyToRange:=見出しを記述したセル範囲
```

　まず、抽出条件と必要な列見出しをシート上のセルに入力しておきます。そして、AdvancedFilterメソッドの**引数「Action」**に「**xlFilterCopy**」**を指定し、引数「CriteriaRange」と引数「CopyToRange」にそれぞれ抽出条件と見出しを記述したセル範囲を指定して実行**します。

214

抽出条件を満たすデータのうち、必要な列のみを転記する

次のマクロは1枚目のシートのセルB2を起点とした表から、2枚目のシートのセル範囲B3:B4の抽出条件で抽出した結果のうち、2枚目のシートのセル範囲D3:F3に記述した列名のデータのみを転記します。

必要な列のみ転記　　　　　　　　　　9-98：指定した列のデータのみ転記.xlsm

```
01  Sub 必要な列のみ転記()
02      Dim tableRng, queryRng, toRng
03      '元の表、抽出条件範囲、転記したい列名の範囲をセット
04      Set tableRng = Worksheets(1).Range("B2").CurrentRegion
05      Set queryRng = Worksheets(2).Range("B3:B4")
06      Set toRng = Worksheets(2).Range("D3:F3")
07      '抽出結果のうち必要な列のみ転記
08      tableRng.AdvancedFilter Action:=xlFilterCopy, _
09              CriteriaRange:=queryRng, CopyToRange:=toRng
10  End Sub
```

図2：マクロの結果

① 抽出条件と列名をセル範囲B3:B4に記述

記述した列名のデータのみを抽出・転記できた

セル側にちょっと下準備が必要ですが、マクロ自体はいたってシンプルです。実行時にセル側の抽出条件や列名を書き換えれば、違う抽出条件や組み合わせの列のデータを転記するのも簡単です。

1つの大きな表から、さまざまな観点でデータを取り出す作業が多い方は、ぜひ活用していきましょう。

データの抽出と活用　　　　　　　　　　　　　　　便利　5行以内

099 抽出したデータのみの スポット集計を行う

図1：抽出中のデータから集計を行う

	ID	日付	社員名	金額
	2	3月22日	河本 なみ	23,000
	5	3月28日	河本 なみ	14,000
	25	3月26日	河本 なみ	25,000
	28	3月11日	河本 なみ	17,000
	47	3月26日	河本 なみ	23,000

Microsoft Excel
抽出レコード数：5
OK

抽出結果のみを対象に各種のスポット集計を行いたい

■ マクロでフィルター結果のみを対象に集計する

フィルターをかけた結果からデータの個数や合計を集計したい場合には、マクロで「**AGGREGATEワークシート関数**」を利用するのが便利です。

AGGREGATEワークシート関数を利用する構文
```
WorksheetFunction.Aggregate(集計方法,5,セル範囲)
```

AGGREGATEワークシート関数をマクロから利用するには、1つ目の引数に次ページ表1の値を使って集計方法を指定し、2つ目の引数には「5」（非表示セルを無視するルール）を指定し、最後に3つ目の引数に集計したいセル範囲を指定します。すると、抽出されている結果セルのみが集計対象となります。

次のコードは抽出後のE列を、「3」に対応するCOUNTAワークシート関数の集計方法（値の入力されているセルの個数）を使って集計します。

抽出したE列のデータの数を計算する
```
WorksheetFunction.Aggregate(3, 5, Columns("E"))
```

結果として、「抽出されたレコード数＋1（見出し行分）」の値が手軽に得られます。「抽出結果の中で最大値を求めたい」「抽出結果のみの平均値や最頻値を求めたい」というようなケースも、この仕組み1つですべて対応できますね。

表1：AGGREGATE関数で利用できる集計方法と対応する値（抜粋）

値	集計方法	対応するワークシート関数
1	平均値	AVERAGE
2	数値セルの個数	COUNT
3	値の入力されているセルの個数	COUNTA
4	最大値	MAX
5	最小値	MIN
6	積	PRODUCT
7	不偏標準偏差	STDEV.S
8	標本標準偏差	STDEV.P
9	合計値	SUM
10	不偏分散	VAR.S
11	標本分散	VAR.P
12	中央値	MEDIAN
13	最頻値	MODE.SNGL

フィルター結果の個数と合計を求める

次のマクロは、セルB2から始まる表のうち、「E列の値の個数」と「E列の合計」を求めて表示します。

抽出レコード数を計算　　　　　　　　　　　9-99：抽出結果のスポット集計.xlsm

```
01  Sub スポット集計()
02      'E列の数値数(データ数)と合計を出力
03      Debug.Print "抽出数:", WorksheetFunction.Aggregate(2, 5, Columns("E"))
04      Debug.Print "合計  :", WorksheetFunction.Aggregate(9, 5, Columns("E"))
05  End Sub
```

図2：マクロの結果

抽出結果のみを対象に集計できた

コピーと選択の応用テクニック　便利

100 テーブル機能の範囲をコピーする

図1：テーブル範囲は構造化参照で扱える

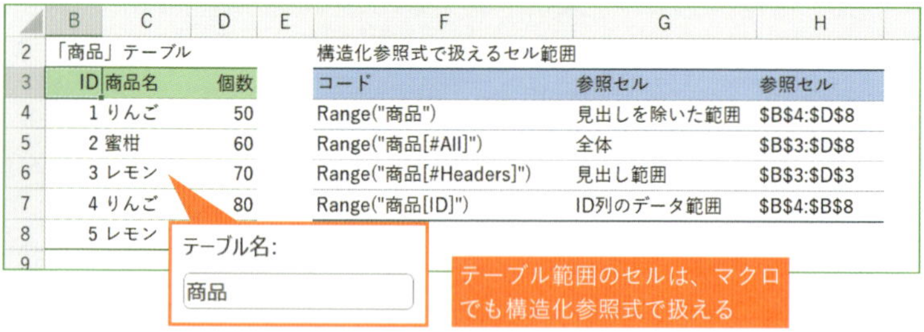

	コード	参照セル	参照セル
	Range("商品")	見出しを除いた範囲	$B$4:$D$8
	Range("商品[#All]")	全体	$B$3:$D$8
	Range("商品[#Headers]")	見出し範囲	$B$3:$D$3
	Range("商品[ID]")	ID列のデータ範囲	$B$4:$B$8

テーブル名：商品

テーブル範囲のセルは、マクロでも構造化参照式で扱える

■ マクロで構造化参照式を利用

［テーブル］機能を利用しているセル範囲は、マクロでもテーブル名を使った**構造化参照式**で参照できます。

表1：テーブル名「商品」の構造化参照式の例

コード	参照できるセル範囲
Range("商品")	見出しを除いたセル範囲
Range("商品[#All]")	テーブル全体のセル範囲
Range("商品[#Headers]")	見出しのみのセル範囲
Range("商品[ID]")	角カッコ内の列のデータ範囲

次のコードは「商品」テーブルの見出しを除いたセル範囲を選択します。

見出しを除いたセル範囲を選択
```
Range("商品").Select
```

図2：実行結果

構造化参照式を使って「商品」テーブルのデータ範囲を選択できた

適切なテーブル名を付けておけば、セル番地よりも見た目にわかりやすく、簡単に目的のセル範囲が扱えますね。

テーブル範囲のコピーは少し注意

便利なテーブル機能ですが、フィルター結果をコピーする際にはちょっと注意が必要です。理由はわかりませんが、2024年現在の仕様では、**「実行時にテーブル内のセルを選択しているかどうか」でコピーなどの一部操作の結果が変わります**。次のマクロはフィルターをかけた「社員」テーブルを、テーブル内を選択した状態と、選択していない状態でコピーした結果です。

実行時の選択位置と結果の違いを確認　　9-100：テーブル範囲の扱い.xlsm

```
01  Sub コピー時の注意()
02      'テーブル内のセルを選択した状態でコピー
03      Range("B3").Select
04      Range("社員[#All]").Copy Range("B11")
05      'テーブル内のセルを選択していない状態でコピー
06      Range("A1").Select
07      Range("社員[#All]").Copy Range("E11")
08  End Sub
```

図3：マクロの結果

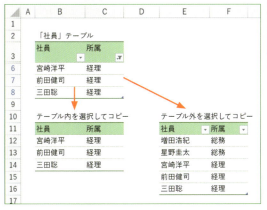

「実行時にテーブル内のセルを選択しているかどうか」でコピーなどの一部操作の結果が変わる

　セル内を選択しているときは抽出結果のみがコピー対象になり、選択していないときはテーブル全体が「テーブル丸ごと」コピーされていますね。

　テーブルを操作する処理の作成中に「どうも結果がブレる」「思うようにいかない」という場合は、この箇所をチェックしてみましょう。知らないとハマってしまうポイントなので、覚えておきましょう。

コピーと選択の応用テクニック　　　　　　　　　便利 ミス減

101 | ベスト5のレコードのみ転記する

図1：「金額」の上位レコードだけを転記したい

	A	B	C	D	E
1					
2		ID	日付	社員名	金額
3		1	3月19日	清岡 裕美子	13,000
4		2	3月22日	河本 なみ	23,000
5		3	3月16日	山水 伸俊	23,000
6		4	3月27日	小野 梅	29,000
7		5	3月28日	河本 なみ	14,000
8		6	3月19日	川井 伸好	13,000
9		7	3月21日	渡川 秀人	13,000
10		8	3月29日	相沢 博之	13,000
11		9	3月13日	上川 昌真	23,000

「金額」列の値が大きいレコードベスト5のみを転記したい

分析を進めるきっかけになる「端のデータ」を転記したい

　データを基に傾向を読み取ろうとする際には、「端のデータ」に注目すると有効です。数値のデータがあれば、その「ベスト10」「ワースト10」などの「端」のデータに着目し、なぜその数値になっているのか、要因を考えるきっかけができるためです。

　そこで、マクロでこの「端のデータ」を取り出してみましょう。考え方としては「注目したい列で表を並べ替え、上から指定個数のデータのみを転記する」という処理となります。［並べ替え］はSortメソッド（P.204）で行い、「上から○個目までのデータ」を取得するには、指定したセル範囲を基に、扱うセル範囲を拡張する「**Resizeプロパティ**」を利用します。

Resizeメソッドの構文

基準セル範囲.Resize 行サイズ,列サイズ

　Resizeプロパティは、基準セル範囲を基に「そのセル範囲を基準に、何行・何列を扱いたいのか」という考え方で扱うセル範囲を指定できます。

　1つ目の引数は扱いたい行サイズ（行数）、2つ目の引数には扱いたい列サイズ（列数）を指定できますが、いずれかを省略した場合には、基準セル範囲の行数と列数がそのまま引き継がれます。

指定列で降順に並べ替えて上から5個分を転記

次のマクロは、セルB2を基準とした表から「金額」列のベスト5（数値の大きい順に5個）を転記します。

ベスト5を転記

9-101：ベスト5のみ扱う.xlsm

```
01  Sub ベスト5のみ転記()
02      'テーブル範囲をセット
03      Dim tableRng
04      Set tableRng = Range("B2").CurrentRegion
05      '「金額」列で降順(大きい順)ソート
06      tableRng.Sort key1:="金額", Order1:=xlDescending, Header:=xlYes
07      '1つ目の見出しを含む5レコード分だけコピー
08      tableRng.Rows(1).Resize(1 + 5).Copy Range("G2")
09  End Sub
```

図2：マクロの結果

「金額」列のベスト5のみのレコードを転記できた

結果を見てみると、きちんと「金額」列の上位5レコードが転記されていますね。ポイントは、表の見出し行を「表のセル範囲.Rows(1)」として「表の1行目」として取得し、そこから「Resize(1 + 取得したいレコード数)」として、見出し行の1行に加え、転記したいレコード数を加算する形で指定している点です。「6」と書いても同じ結果ですが、分けて書くことで取得したいレコード数を考えやすくなりますね。

表をすっきり見せるテクニック　見映え

102 | フィルター矢印を非表示にして見やすくする

図1：不要なフィルター矢印を非表示にする

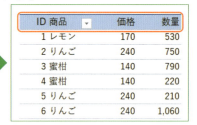

フィルター矢印が不要な列には非表示にしたい

必要な列にのみフィルター矢印を表示

　フィルター機能を利用する際、特定の列だけにフィルター矢印を表示したい場合には、非表示にしたい列に対してAutoFilterメソッドの**引数「VisibleDropDown」に「False」を指定して実行**します。

　次のマクロは、セルB2を起点とした表の1、3、4列目のフィルター矢印を非表示にします。

1、3、4列目のフィルター矢印を非表示　　9-102：フィルター矢印を非表示にする.xlsm

```
01  Sub フィルター矢印を非表示()
02    Dim tableRng, colNo
03    Set tableRng = Range("B2").CurrentRegion
04    '指定列のフィルター矢印を非表示
05    For Each colNo In Array(1, 3, 4)
06        tableRng.AutoFilter Field:=colNo, VisibleDropDown:=False
07    Next
08  End Sub
```

　単にフィルター矢印を非表示にしたいだけであれば、抽出条件は何も指定しなくてかまいません。また、非表示にしたい列が複数ある場合には、上記マクロのように、非表示にしたい列の列番号のリストをArray関数で作成し、そのリストに対してループ処理を行うと、一括で設定を行えます。

Chapter 10

印刷とデータの書き出しをスマートにこなす

本章では印刷を始めとした「出力」に関する操作についてご紹介します。

Excelで作成・集計した表やグラフは、自分で使うだけではなく、ほかの人に見てもらうためにさまざまな形で出力されます。

ほかの作業と大きく異なるのは、実際に出力したものを見てから初めて「ああ、ここをミスしていたのか」と気付く点です。ミスがあったら、そこからまたやり直しです。そこで、マクロの出番です。ミスを予防したり、ヌケを防いだり、面倒な設定をパッと完了できたりします。

紙やPDFへ印刷したり、画像として書き出したり、はたまたブックのまま体裁を整えて別名保存したり、いろいろな「出力」の助けとなるマクロの使い方を押さえていきましょう。

それでは、見ていきましょう。

印刷の設定　　　　　　　　　　　　　　　　　　　　　　　　　　ミス減

103 印刷範囲を自動設定する

図1：指定範囲だけを印刷対象にしたい

	A	B	C	D	E	F	G	H	I	J K L M N
1										
2		販売データ明細								※販売データは1月～2月までのものです
3		ID	受注日	得意先	担当	商品	単価	数量	合計	
4		1	2024/1/5	ピザハウス エクセル	松井 典子	乾燥ナシ	3,900	109	425,100	
5		2	2024/1/7	ワードハウス	河野 美千代	チョコレートビスケット	1,200	27	32,400	
6		3	2024/1/7	ワードハウス	河野 美千代	チャイ	2,340	106	248,040	
7		4	2024/1/7	スーパーアウトルック	町中 晋太郎	プルーン	460	106	48,760	
8		5	2024/1/8	ニャッキチーズ工房	中山 篤	プルーン	460	43	19,780	
9		6	2024/1/8	えくせる商店	増田 宏樹	グリーンティー	390	35	13,650	
10		7	2024/1/8	えくせる商店	増田 宏樹	フルーツカクテル	5,070	67	339,690	
11		8	2024/1/8	麺処SAMPLE	三田 聡	チョコレートビスケット	1,200	24	28,800	印刷したくない箇所が
12		9	2024/1/8	カレーハウス 梅	中山 篤	クラムチャウダー	1,260	44	55,440	あるシート
13		10	2024/1/9	サンプル珈琲	三田 聡	チョコレート	1,660	8	13,280	
14		11	2024/1/9	えくせる商店	三田 聡	ボイゼンベリージャム	3,250	112	364,000	

得意先	担当	商品	単価	数量	合計
ピザハウス エクセル	松井 典子	乾燥ナシ	3,900	109	425,100
ワードハウス	河野 美千代	チョコレートビスケット	1,200	27	32,400
ワードハウス	河野 美千代	チャイ	2,340	106	248,040
スーパーアウトルック	町中 晋太郎	プルーン	460	106	48,760
ニャッキチーズ工房	中山 篤	プルーン	460	43	19,780
えくせる商店	増田 宏樹	グリーンティー	390	35	13,650
えくせる商店	増田 宏樹	フルーツカクテル	5,070	67	339,690
麺処SAMPLE	三田 聡	チョコレートビスケット	1,200	24	28,800
カレーハウス 梅	中山 篤	クラムチャウダー	1,260	44	55,440
サンプル珈琲	三田 聡	チョコレート	1,660	8	13,280
えくせる商店	三田 聡	ボイゼンベリージャム	3,250	112	364,000

必要な範囲のみを印刷範囲に設定したい

印刷範囲はシートごとに設定

　シート上に印刷対象としたくない箇所がある場合には、**印刷範囲**を設定すれば設定範囲のみを印刷対象としてくれます。しかし、日々増減するデータの場合には、データを更新したのに印刷範囲を更新し忘れ、印刷してから「しまった！　前のままの設定だった！」と気付くことがあります。これでは時間と紙の無駄になってしまいますね。そこでマクロの出番です。

　マクロから印刷範囲を設定するには、対象シートの印刷設定を管理する「**PageSetupオブジェクト**」の「**PrintAreaプロパティ**」に、セル範囲のアドレス文字列を設定します。

印刷範囲を設定する構文

シート.PageSetup.PrintArea = セル範囲のアドレス文字列

また、表全体を印刷範囲とするためには、Endプロパティを利用して、「見出しセル範囲から、下方向の終端セルまでの間の範囲」を取得し、そのアドレス文字列を取得する方法が簡単です。このセル範囲は、Rangeプロパティの「1つ目の引数と2つ目の引数にセル参照を指定すると、2つのセル参照の間のセル範囲を取得する」仕組みを利用します。

見出しを基に「最終行までのセル範囲」を取得する構文
```
Range(見出しセル範囲, 見出しセル範囲.End(xlDown))
```

　取得セル範囲のアドレス文字列は、「**Addressプロパティ**」で取得できます。

任意のセル範囲のアドレス文字列を取得する構文
```
セル範囲.Address
```

　この仕組みを組み合わせて、PrintAreaプロパティに実行時の見出しから最終行までのセル範囲のアドレス文字列を指定すれば、データ数が増減しても確実に印刷範囲を設定できますね。

指定した列の「最終行」までを印刷範囲に設定する

　次のマクロは、表のうち、セル範囲D3:I3を見出しとする列のデータのみを印刷範囲に設定します。

特定列のデータのみを印刷範囲に設定　　　　　　　　　10-103：印刷範囲の設定.xlsm

```
01  Sub 印刷範囲の設定()
02      '印刷したい表の見出し範囲をセット
03      Dim printField
04      Set printField = Range("D3:I3")
05      'セットした列の「下端」までを印刷範囲にセット
06      ActiveSheet.PageSetup.PrintArea = _
07          Range(printField, printField.End(xlDown)).Address
08  End Sub
```

　まず、「セル範囲D3:I3を見出しとする列の最終行までのセル範囲」を取得してアドレス文字列を取得し、PrintAreaプロパティへ設定しています。

> **ここもポイント　印刷範囲のクリア**
>
> 印刷範囲をクリアするには、PrintAreaプロパティに「""」を設定します。
>
> ```
> ActiveSheet.PageSetup.PrintArea = ""  '印刷範囲をクリア
> ```

印刷の設定　　　　　　　　　　　　　　　　ミス減　見映え

104 | 不要な範囲を隠して印刷する

図1：「数量」の入力されていない箇所を除いて印刷したい

「数量」が入力されていない項目がある表

値の入力されていない行を除外して印刷したい

■ 空白セルの行全体を一括非表示

　オプション項目のある商品の見積もりを作成する際には、とりあえずすべてのオプション項目を並べた表を作成しておき、採用するものにのみチェックを入れるスタイルで作業をすると「あのオプションを見逃していた！」というミスを防ぎやすくなります。

　しかし、このタイプの表は印刷時などに「採用していない不要なオプション名」が表示されっぱなしになってしまい、あまり見やすい表にはなりません。入力時には便利ですが、印刷時には邪魔になるわけですね。なんとかできないでしょうか。そこでマクロの出番です。

　マクロから任意のセル範囲の「空白セル」を取得するには、SpecialCellsメソッドが利用できます。

空白セルを取得

セル範囲.SpecialCells(xlCellTypeBlanks)

　基準となるセルを含む行全体を非表示にするには、行全体をEntireRowプロパティで取得し、Hiddenプロパティに「True」を指定します。

基準セルを含む行全体を非表示

基準セル範囲.EntireRow.Hidden = True

　次のマクロは、セル範囲C7:C13のうち、空白セルを持つ行全体をまとめて非表示にし、印刷後に再表示します。

空白セルを含む行を非表示にして印刷後に再表示　10-104：表の一部を隠して印刷.xlsm

```
01  Sub 表の一部を隠して印刷()
02      '「数量」列のうち空白セルを取得
03      Dim rng
04      Set rng = Range("C7:C13").SpecialCells(xlCellTypeBlanks)
05      '空白セルの行全体を非表示にし、印刷後に再表示
06      rng.EntireRow.Hidden = True
07      ActiveSheet.PrintOut
08      rng.EntireRow.Hidden = False
09  End Sub
```

　これで「印刷時には不要な範囲を隠した状態」で印刷し、印刷後は次の入力がしやすいように元の状態に戻して運用できますね。

ここもポイント ｜ PrintOutメソッドですぐに印刷

任意のシートを印刷する際には、シートを指定して**PrintOutメソッド**を実行します。

シート.PrintOut

普段の印刷は、いったんバックステージビューに移動してから印刷を行いますが、PrintOutメソッドを実行した場合には、画面を移動せずにすぐに印刷が実行されます。印刷の際の印刷範囲や用紙の向きなどの各種の印刷設定は、あらかじめ指定しておいた設定に従って印刷されます。

印刷の設定　　　　　　　　　　　　　　　　　　　見映え　5行以内

105　改ページを表す点線を非表示にする

図1：印刷後に表示される点線を消去したい

	A	B	C	D	E	F	G	H	I	J
1										
2		ID	社員	得意先	都道府県	市区町村	番地	配達日	配達数	
3		1	森上 偉久馬	AA社	東京都	世田谷区	○○町 X-X-XX	2024/6/28	1,880	
4		2	川村 匡	D社	東京都	千代田区	○○町 X-X-XX	2024/6/10	1,660	
5		3	成宮 真紀	L社	東京都	世田谷区		2024/7/9	1,500	
6		4	山本 雅治	H社	東京都	江戸川区	○○町 X-X-XX	2024/6/16	1,740	
7		5	森上 偉久馬	D社	東京都	千代田区	○○町 X-X-XX	2024/6/28	1,590	
8		6	川村 匡	CC社	東京都	墨田区	○○町 X-X-XX	2024/6/30	1,310	
9		7	成宮 真紀	C社	東京都	目黒区	○○町 X-X-XX	2024/6/30	1,240	
10		8	小川 さよ子	F社	東京都	練馬区	○○町 X-X-XX	2024/6/14	1,720	
11		9	森上 偉久馬	BB社	東京都	板橋区	○○町 X-X-XX	2024/6/11	1,650	
12		10	川村 匡	H社	東京都	江戸川区	○○町 X-X-XX	2024/6/12	1,650	
13		11	成宮 真紀	J社	東京都	新宿区	○○町 X-X-XX	2024/7/10	2,240	
14		12	加藤 泰江	G社	東京都	北区	○○町 X-X-XX	2024/6/3	1,530	
15		13	加藤 泰江	J社	東京都	新宿区	○○町 X-X-XX	2024/6/11	1,660	
16		14	加藤 泰江	K社	東京都	杉並区	○○町 X-X-XX	2024/6/7	2,190	
17		15	加藤 泰江	A社	東京都	港区	○○町 X-X-XX	2024/6/22	2,160	
18		16	加藤 泰江	BB社	東京都	板橋区	○○町 X-X-XX	2024/6/14	1,300	
19		17	松沢 誠一	I社	東京都	江東区	○○町 X-X-XX	2024/6/6	1,500	
20		18	山本 雅治	F社	東京都	練馬区	○○町 X-X-XX	2024/6/1	2,090	

印刷範囲や改ページの設定が表示されている状態

マクロで改ページ位置を示す線を非表示にする

　印刷を行ったり、印刷範囲の設定を行ったり、はたまた改ページの位置を自分で設定したりといった印刷に関わる操作を行うと、シート上に改ページ位置を表す点線（自動設定された改ページ位置）や、実線（ユーザーが設定した印刷範囲や改ページ位置）が表示されるようになります。これはこれで便利なのですが、印刷に関わる設定を行わない場合には少々邪魔に感じます。そこでマクロの出番です。

　これらの点線と実線をマクロで非表示にしましょう。区切り位置の表示設定は、シートごとに「**DisplayPageBreaksプロパティ**」で管理されています。

DisplayPageBreaksプロパティで区切り位置を非表示にする
```
シート.DisplayPageBreaks = False
```

　このDisplayPageBreaksプロパティに「False」を指定すれば、区切り位置を非表示にできます。また、再表示させたい場合には、同プロパティに「True」を指定します。線は非表示になりますが、改ページ設定はそのまま残ります。

アクティブシートの改ページの線を非表示にする

次のマクロはアクティブなシートに表示されている改ページ位置を表す点線や実線を非表示にします。

改ページの表示を消去する　　　　　　　　　10-105：印刷時の点線を消去.xlsm

```
01  Sub 改ページ位置を非表示()
02      'アクティブシートの改ページ位置を非表示にする
03      ActiveSheet.DisplayPageBreaks = False
04  End Sub
```

図2：マクロの結果

マクロから改ページ位置を表す線を非表示にできた

> **ここもポイント　各種印刷処理と組み合わせよう**
>
> 改ページ位置は、マクロで印刷を行ったり、印刷プレビュー画面を表示したりしても表示されます。これらの操作を行ったあとに、DisplayPageBreaksプロパティを「False」にするコードを付け加えておくと、印刷後に改ページ位置が表示されて邪魔になることを防げますね。

印刷の設定 | ミス減 見映え

106 | 大きな表をA3用紙1枚に収まるように印刷する

図1：指定した用紙のサイズ内に収めて印刷したい

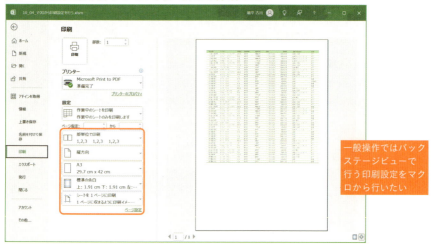

一般操作ではバックステージビューで行う印刷設定をマクロから行いたい

マクロで印刷の設定を行う

　通常、印刷設定は［ファイル］－［印刷］で表示されるバックステージビューや［ページレイアウト］タブ内の各種メニューから利用する用紙や向き余白や拡大率などの設定を行います。

　マクロでこの設定を行うには、各シートのPageSetupオブジェクトにまとめられている各種プロパティの値を任意の値に設定していきます。

PageSetupオブジェクトを使って印刷設定をする構文

```
シート.PageSetup.印刷関連プロパティ = 値
```

　1枚目のシートの用紙を「A3」に指定するには、対応するプロパティである「**PaperSizeプロパティ**」に組み込み定数「xlPaperA3」を指定します。

1枚目のシートの印刷設定を行う例

```
Worksheets(1).PageSetup.PaperSize = xlPaperA3
```

どの印刷設定がどのプロパティに対応しているか、目的の設定を行うための値や組み込み定数などは、実際に設定を行い、［マクロの記録］機能（P.94）で対応プロパティや値を確認するとよいでしょう。

アクティブシートに印刷設定を行う

次のマクロは、アクティブなシートに対して、「A3用紙に縦方向で1ページ内に収める」印刷設定を行います。

アクティブシートの印刷設定を行う　　　10-106：マクロから印刷設定を行う.xlsm

```
01  Sub 印刷設定()
02      'アクティブシートの印刷設定について個別に設定
03      With ActiveSheet.PageSetup
04          .PaperSize = xlPaperA3         '用紙設定をA3に
05          .Orientation = xlPortrait      '印刷方向設定を縦に
06          .Zoom = False                  '任意倍率での拡大率設定をオフ
07          .FitToPagesWide = 1            '幅が1ページに収まるよう設定
08          .FitToPagesTall = 1            '高さが1ページに収まるよう設定
09      End With
10  End Sub
```

図2：マクロの結果

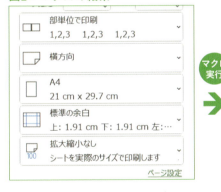
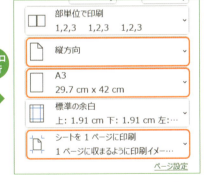

マクロから印刷設定ができた

手作業では、うっかり設定し忘れた項目のために、印刷してみて初めてミスに気付くこともありますが、マクロで設定すればモレなく設定できますね。

データの書き出し　　　　　　　　　　　　便利

107 グラフを画像として書き出す

図1：グラフを図として書き出したい

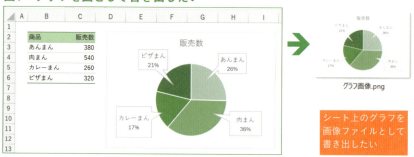

シート上のグラフを画像ファイルとして書き出したい

📗 マクロでグラフを画像として書き出す

Excelで作ったグラフをWebサイトなどに掲載したい場合にはグラフを画像ファイルに変換しますよね。⊞＋Shift＋Sキーなどの操作でスクリーンショットを撮って加工してもいいのですが、ちょっと手間がかかりますね。そこでマクロの出番です。

マクロを利用してグラフを画像として書き出すには、書き出したいグラフ（Chartオブジェクト）を指定して、「**Exportメソッド**」を利用します。

Exportメソッドで画像として書き出す構文
グラフ.Export 書き出したいパス

このとき、Exportメソッドの引数には、「グラフをどこに、どんな名前で書き出すか」というパス情報を指定します。例えば、次のコードは、1枚目のシート上にある1つ目のグラフを、「C:¥Excel」フォルダー内に、「グラフ.png」という名前で書き出します。

1つ目のグラフを指定したパスへと書き出す
```
Worksheets(1).ChartObjects(1).Chart.Export "C:¥Excel¥グラフ.png"
```

また画像は、「PNG形式」か、「JPEG形式」のいずれかで書き出せます。パスを指定する際の最後の拡張子を「.png」にすればPNG形式、「.jpg」や「.jpeg」にすればJPEG形式となります。

◢ グラフをブックと同じフォルダー内に画像として書き出す

　次のマクロは、アクティブシート内の1つ目のグラフを、ワークブックが保存されているフォルダー内に「グラフ画像.png」として保存します。

グラフを画像として書き出し　　　　　　　　　　　10-107：グラフを画像で書き出し.xlsm

```
01  Sub グラフを画像として書き出し()
02      'ブックと同じフォルダー内に1つ目のグラフを画像書き出し
03      ActiveSheet.ChartObjects(1).Chart.Export _
04          ThisWorkbook.Path & "¥グラフ画像.png"
05  End Sub
```

図2：マクロの結果

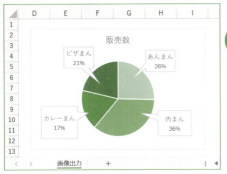

グラフを任意のフォルダー内に画像として書き出せた

　ちなみに、上記マクロでは「マクロの記述されているフォルダーパス」を取得するために「Thisworkbook.Path」というコードを利用しています（P.234）。「マクロを記述したブックと同じフォルダーのブックを開きたい」など、特定ブックを起点としたパス情報を取得したいときに便利な仕組みです。

ここもポイント ｜ 画像の大きさは実行時の大きさにより変化する

Exportメソッドで書き出す画像の大きさは、「実行時のグラフの大きさ」に依存します。画像を大きいサイズで書き出したい場合には、シート右下の表示倍率を100%→200%にするなど、見た目のサイズを大きくしてから書き出せば、大きなサイズで画像を書き出してくれます。

データの書き出し　ミス減 便利 5行以内

108 ブックが保存されているフォルダーを取得する

図1：ブックが保存されている「場所」を知りたい

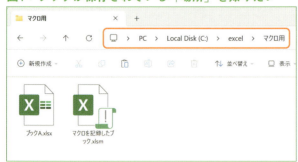

PDFや画像を書き出す際に、「このブックはどこに保存されているのか」を確認したい

マクロでブックのパス情報を取得する

　P.232のマクロなどでも利用している、ブックはPDFとして、グラフは画像として書き出す際の「どのフォルダー内に書き出すのか」という情報、いわゆるパスの情報は、次のような形で記述します。

パスの記述の仕方
> ドライブ名:¥フォルダー名¥ファイル名

　例えば、「Cドライブの直下にある"excel"フォルダー内の"vba.xlsm"というブック」を表すパス情報は、「C:¥excel¥vba.xlsm」となります。
　もちろんマクロでも、このパス情報を扱えます。Excelのブックに対して「**Path**プロパティ」を利用すると、そのブックの保存されているフォルダーのパスが得られます。

ブックが保存されているフォルダーのパスを取得する構文
> ブック.`Path`

　また、「**ThisWorkbook**プロパティ」を利用すると、「マクロの記述してあるブック」を操作対象として指定できます。この2つを組み合わせると、次のコードで「マクロを記述してあるブックのパス」が得られます。

マクロを記述してあるブックのパス
`ThisWorkbook.Path`

　この仕組みは、ブックを基準にして同じフォルダー内にファイルを書き出したり、同じフォルダー内のブックを開いたりといった操作を行う際の「どのフォルダーを使うのか」を指定する起点の情報として利用できます。

マクロを記述してあるブックのパス情報を取得

　次のマクロはセル範囲C3:C5に、「マクロを記述してあるブックが保存されているフォルダーのパス」「ファイル名」「ドライブ名からファイル名までのフルパス」の値を、対応するプロパティを使って取得し、入力します。

指定ブックのパス・ブック名・フルパスを取得　　10-108：ブックの保存されているパスを取得.xlsm

```
01  Sub 各種パス情報取得()
02      Range("C3").Value = ThisWorkbook.Path
03      Range("C4").Value = ThisWorkbook.Name
04      Range("C5").Value = ThisWorkbook.FullName
05  End Sub
```

図2：マクロの結果

	A	B	C
1			
2		ブックの各種パス情報	
3		保存されているフォルダー	C:¥excel¥マクロ用
4		ブック名	10_06_ブックの保存されているパスを取得.xlsm
5		フルパス	C:¥excel¥マクロ用¥10_06_ブックの保存されているパスを取得.xlsm
6			

　取得したいパスやブック名などの情報の種類に合わせて、**Path**、**Name**、**FullName**の3つのプロパティを使い分けていきましょう。

> **ここもポイント　OneDriveを利用している場合は注意**
>
> クラウドサービスのOneDriveを利用している場合、ブックのPathの値は「https://d.docs.live.net/ユーザーID」など、クラウド上の保存先URLの情報を返します。ローカルPCのパスとして利用するには、一定ルールで変換する必要が出てきます。複雑な処理となるため、本書ではサンプル内に一例をあげるにとどめますが、必要な方は理由や対処方法を検索してみましょう。

データの書き出し　　　　　　　　　　　　　　ミス減　便利

109 日時付きでコピーして万全のバックアップ

図1：作業中のブックと同じ場所にバックアップを作成したい

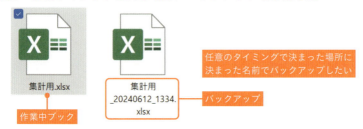

マクロでブックのバックアップを行う

　Excelには自動バックアップ機能が付いているので、突然ExcelやPCが終了してしまってもある程度は回復できますが、万全を期すのであれば、手動でも定期的にバックアップを取りたいところです。

　しかし、バックアップの作成はなかなか面倒です。単にブックをコピーすると「集計－コピー－コピー.xlsx」のような悲惨なブック名が生まれますし、「集計バックアップ.xlsx」「集計backup(2).xlsx」のようないったいどれが最新のバックアップなのか不明なままブックだけが増殖していく事態になりかねません。そこでマクロの出番です。

　決まった名付けルールで、決まった場所にバックアップする仕組みを作成しておけば、整理整頓しながらバックアップできます。任意のブックを「複製して保存」するには、「**SaveCopyAsメソッド**」が利用できます。

任意のブックのコピーを保存する構文
　　ブック.SaveCopyAs　ブック名を含むパス

　SaveCopyAsメソッドは、実行時のブックのコピーを指定したパスへと保存します。つまり、バックアップ元のブックの状態は保ったまま、実行時の状態のコピーを新たに作成できます。バックアップ向けの仕組みですね。

　あとは、バックアップ元のブック名をベースにした名付けルールを組み合わせれば、汎用的なバックアップ用のマクロが作成できます。

指定ブックと同じフォルダー内にバックアップを保存

次のマクロ「backUp」は、引数として受け取ったブックのバックアップを、ブックと同じフォルダー内に作成します。バックアップされるブックの名前は、「元のブック名_日時の値を基にした定型句」となります。

引数として受け取ったブックをバックアップするマクロ 10-109：ブックをバックアップ.xlsm

```
01  Sub backUp(bk)
02      Dim extension, buPath
03      '拡張子を取得
04      extension = Right(bk.Name, 5)
05      '拡張子の箇所を、日時を基にした接尾辞に置換
06      buPath = Replace(bk.FullName, _
07                      extension, Format(Now(), "_yyyymmdd_hhmm"))
08      'あらためて拡張子を付加したパスの場所へコピーを保存
09      ThisWorkbook.SaveCopyAs buPath & extension
10  End Sub
```

このマクロを、モジュール名「util」の標準モジュールに作成した場合、ほかのマクロでは、次のような形で呼び出せます。ショートカットキーに割り当てておけば、任意のブックのバックアップが手軽にできますね。

作業中のブックをバックアップ

```
util.backUp ActiveWorkbook    '作業中のブックをバックアップ
```

図2：マクロの結果

アクティブなブックと同じ場所に、日時を基にした接尾辞を付けたバックアップを作成できた

ここもポイント | SaveCopyAsメソッドは「上書き保存」

SaveCopyAsメソッドで保存しようとしたパスのファイルがすでに存在する場合には、警告メッセージを表示せずに上書き保存します。

データの書き出し　　　　　　　　　　ミス減　便利　タイパ

110 セルに作成したリストの名前でブックを連続作成する

図1：セルに作成したリストの分だけブックを複製したい

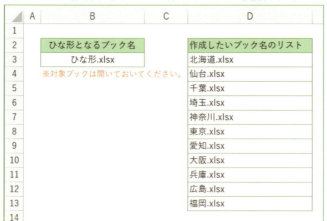

セルに作成したリストに沿って、指定ブックのコピーを作成したい

■ マクロでブックを連続して複製する

　ひな形となるブックを各部署や担当者に配布する際、ひな形となるブックのコピーを、それぞれ別名で作成したい場合があります。必要な作業ですが、数が増えると大変です。そこでマクロの出番です。

　ひな形とするブック名と、作成したいブックのリストをセルに書き出しておき、その通りにブックを複製する仕組みを作成してしまいましょう。

　ブックの複製は、SaveCopyAsメソッド（P.236）と、ループ処理（P.58）の仕組みと組み合わせれば完成です。

指定セル範囲の名前でひな形ブックを連続複製

次のマクロは、セルB3に入力したブック名のブックをひな形とし、現在選択しているセル（セル範囲D3:D13）に入力しておいたリストの分だけ複製します。複製する場所は、ひな形としたブックと同じフォルダー内になります。

シート上のリストに沿って複製　　　　　10-110：シート上のリストに沿って複製.xlsm

```
01 Sub シート上のリストに沿って複製()
02     Dim bk, bookName, list
03     Set bk = Workbooks(Range("B3").Value)    '対象ブックセット
04     list = Selection.Value                   'ブック名のリストを取得
05     'リストの個々の名前についてループ処理
06     For Each bookName In list
07         'ひな形のブックと同じフォルダー内に複製
08         bk.SaveCopyAs bk.Path & "¥" & bookName
09     Next
10 End Sub
```

図2：マクロの結果

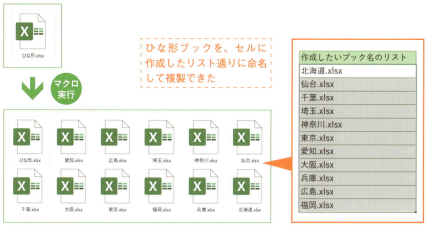

手作業のときと違い、シート上に欲しい数だけブック名を記述するので、意図通りの名前で、意図通りの数のリストが作成できているかの確認も簡単にできますね。肝心の複製のほうもマクロで一括して行うので、選択セル範囲さえ間違えなければ、確実に作成できますね。

111 保存用フォルダーが ない場合に作成する

データの書き出し / 便利

図1：マクロからフォルダーを作成したい

バックアップ用の
フォルダーがない
場合は作成したい

指定パスのフォルダーがない場合は作成する

マクロからフォルダーを作成するには「**MkDir関数**」を利用します。

フォルダーを作成する構文

```
MkDir フォルダーのパス文字列
```

ただし、すでに同名のフォルダーが存在する場合にはエラーとなるため、Dir関数を使った次の条件式でフォルダーの有無を確認します。

指定パスのフォルダーが存在するかを確認する構文

```
Dir(パス文字列, vbDirectory) = ""  '結果がTrueの場合、存在しない
```

次のマクロは、マクロを作成したブックと同じフォルダー内に「バックアップ」フォルダーがない場合に作成します。

フォルダーがない場合は作成する　　　　　　　10-111：フォルダーの作成.xlsm

```
01  Sub フォルダーがない場合のみ作成()
02      'フォルダーパスを作成
03      Dim folderPath
04      folderPath = ThisWorkbook.Path & "¥バックアップ"
05      'Dir関数の結果が「""」の場合はフォルダー作成
06      If Dir(folderPath, vbDirectory) = "" Then
07          MkDir folderPath
08      End If
09  End Sub
```

Chapter 11

ブックとシートを自在に操る

本章ではマクロからシートとブックを扱う方法についてご紹介します。

セルの操作だけでなく、シートやブックもマクロから操作できるようになると、一気に「大きな」作業が自動化できます。複数のシートや複数のブックをまたいだデータのやりとりも正確に素早く行えるようになるのです。

まずは個々のシートとブックを扱うには、どういう考え方をすればいいのか、そして、どういう仕組みを使っていけば便利なのかを、よく使う処理を見ながら押さえていきましょう。

それでは、見ていきましょう。

ブックとシートを操作する　　　　　　　　　　　　　　　基本

112 マクロでシートを操作する

■ マクロでシートを操作する

マクロでシートを操作するには、「**Worksheetオブジェクト**」の仕組みを利用します。Worksheetオブジェクトは、その名の通りワークシートに関する情報や機能がまとめられたオブジェクトです。

任意のシート（Worksheetオブジェクト）を操作対象として指定するには、「**Worksheetsコレクション**」の仕組みを利用します。

Worksheetsコレクションから目的のシートを指定
```
'インデックス番号で指定
Worksheets(1)
'シート名で指定
Worksheets("Sheet1")
```

「Worksheets」と記述し、その後ろのカッコの中に**インデックス番号**（左から何番目のシートかの番号）、もしくは**シート名**を指定します。

操作対象の指定ができたら、ドットに続けて希望の操作に対応するプロパティ名やメソッド名を記述していきましょう。

例えば次のコードは、シート名を扱う「**Nameプロパティ**」を利用して、1枚目のシートのシート名を表示します。

Nameプロパティの値を表示
```
Msgbox Worksheets(1).Name
```

また、「アクティブシート（画面に表示されているシート）」を操作するには、「**ActiveSheetプロパティ**」が利用できます。次のコードは、アクティブシートのシート名を表示します。

アクティブシートのシート名を表示
```
Msgbox ActiveSheet.Name
```

このように、対象シートを指定し、続けてプロパティやメソッドを記述す

るのが、マクロからワークシートを扱う際の基本となります。

シートの各種情報にアクセス

次のマクロでは、セルC2に「ブック内の総シート数」、セルC3に「アクティブシートの名前」、セルC4に「アクティブシートのインデックス番号」を入力します。

シートに関する情報を取得　　　　　　　　　　　11-112：マクロでシートを扱う.xlsm

```
01  Sub シートの操作()
02      '総シート数を書き出し
03      Range("C2").Value = Worksheets.Count
04      'アクティブシートの各種情報を書き出し
05      Range("C3").Value = ActiveSheet.Name
06      Range("C4").Value = ActiveSheet.Index
07  End Sub
```

図1：マクロの結果

Worksheetsコレクションや
Worksheetオブジェクトを通じて
シートに関する情報を取得できた

Worksheetオブジェクトは、次のようにさまざまなプロパティとメソッドで、シートの情報を取り出したり、操作したりできます。

表1：シートを操作する際によく利用するプロパティ／メソッド

プロパティ／メソッド	用途
Nameプロパティ	シート名の取得／設定
Indexプロパティ	インデックス番号の取得
Selectメソッド	シートをアクティブにする
Moveメソッド	シートの位置を移動
Copyメソッド	シートをコピー
Deleteメソッド	シートの削除
PrintOutメソッド	シートの印刷

ブックとシートを操作する　　　　　　　　　　基本 5行以内

113 | マクロでシートの追加・削除を行う

図1：新規シートを追加

マクロでシートを追加

マクロで新規シートを追加するには、**Worksheetsコレクションに対して、「Addメソッド」を実行**します。

Addメソッドで新規シート追加
```
Worksheets.Add
```

Addメソッドを実行すると、その結果（戻り値）として、追加した新規シートを扱うWorksheetオブジェクトを返します。この仕組みを利用すると、「新規にシートを追加」「追加したシートのシート名を変更」という2つの操作を、次のようなコードで実行できます。

新規シートを追加し、シート名を「集計」に変更
```
Worksheets.Add.Name = "集計"
```

シートの追加の様な「何か新しいオブジェクトを追加する」操作の多くは、「そのオブジェクトをまとめて扱うコレクションに対してAddメソッド」というルールで行います。

シートであれば、「Worksheets コレクション」、そして、ブックであれば「Workbooksコレクション」のAddメソッドを利用します。**"新規追加はコレクションにAdd"** と覚えておきましょう。

マクロからシートを削除

シートを削除するには、削除したいシートに対して「**Deleteメソッド**」を実行します。次のコードは、1枚目のシートを削除します。

Deleteメソッドでシートを削除する構文
ワークシート.`Delete`

シートの削除のように、特定のオブジェクトを削除する操作の多くは、個別のオブジェクトに対してDeleteメソッドを実行します。**"削除は個別のオブジェクトにDelete"** と覚えておきましょう。

「コレクションにAdd」で新規オブジェクトを追加 11-113：新規シートの追加と削除.xlsm

```
01  Sub シートの追加()
02      Worksheets.Add.Name = "集計"
03  End Sub
```

「個別のオブジェクトにDelete」でオブジェクト削除 11-113：新規シートの追加と削除.xlsm

```
01  Sub シートの削除()
02      Worksheets("集計").Delete
03  End Sub
```

ここもポイント｜警告メッセージを非表示にするには

Deleteメソッドで削除処理を行うと、警告・確認メッセージが表示されます。

図2：削除実行時に表示されるメッセージ

このメッセージを表示させずに削除処理を実行したい場合には、下記のコードのように、「Application.DisplayAlertsプロパティ」の値を変更して警告表示をいったんオフにし、削除処理実行後に元に戻すようにします。

```
Application.DisplayAlerts = False    '警告の表示設定をオフ
Worksheets("集計").Delete
Application.DisplayAlerts = True     '警告の表示設定を元に戻す
```

ブックとシートを操作する　　　　　　　　　　　　　　　　　基本 便利

114 新規シートを末尾(いちばん右)に追加する

図1：新規シートを指定した位置に配置したい

新規シートの名前と位置を設定して追加する

　新規に追加したシートは名前や位置の調整やデータの入力など、そのあとになんらかの操作を行うことが多いでしょう。そこで、Addメソッドで追加時に変数にセットしてしまい、そのあとは変数を通じて新規シートを操作するスタイルにすると、1回のマクロ実行で設定が完了するため便利です。

追加時に変数にセットして操作する例
```
Set newSh = Worksheets.Add
newSh.Name = "設定したい名前"
```

　また、新規に追加するシートは、末尾に追加したいことが多いでしょう。その場合には、Addメソッドの**引数「After」に、現在の末尾のシートを指定**して実行しましょう。

末尾にシートを追加する構文
```
Worksheets.Add After:=現在の末尾のシート
```

　現状の末尾のシートは、言い換えると「現状のシート数と同じインデックス番号のシート」です。コードにすると、次の構文でアクティブなブックの末尾のシートを取得できます。「Worksheets」だらけでちょっと混乱しますがよく使うパターンなので覚えてしまいましょう。

現在の末尾のシートを取得する構文
```
Worksheets(Worksheets.Count)
```

📗 新規シートを末尾に追加して名前を設定

次のマクロは、新規シートを末尾に追加し、名前を設定します。

新規シートを末尾に追加　　　　　　　　　　　11-114：シートの位置を設定.xlsm

```
01  Sub シートを右端に追加()
02      Dim lastSh, newSh
03      '現在の末尾のシートを取得
04      Set lastSh = Worksheets(Worksheets.Count)
05      '現在の末尾のシートの後ろに新規シートを追加
06      Set newSh = Worksheets.Add(After:=lastSh)
07      '新規シートの名前を変更
08      newSh.Name = "第2週集計"
09  End Sub
```

ちなみに、シートの位置をあとから変更したい場合には、「**Moveメソッド**」を利用します。

Moveメソッドでシートの位置を移動する構文
```
シート.Move After:=現在の末尾のシート   '末尾に移動
シート.Move Before:=現在の先頭のシート  '先頭に移動
```

> **ここもポイント** ｜ **戻り値を受け取るときはカッコで囲む**
>
> 次のコードは、ブック内の先頭の位置に新規シートを追加します。
>
> ```
> Worksheets.Add Before:=Worksheets(1)
> ```
>
> それに対し、次のコードはブック内の先頭の位置に新規シートを追加し、名前を変更します。
>
> ```
> Worksheets.Add(Before:=Worksheets(1)).Name = "集計用"
> ```
>
> 2つのコードを見比べると、1つ目ではAddメソッドの引数をカッコで囲んでいませんが、2つ目ではカッコで囲んでいます。この記述の違いは、「戻り値を利用するかどうか」で変わってきます。とりあえずは、「戻り値を利用したい場合はカッコで囲む」「戻り値を特に利用せずに実行しっぱなしでいいならカッコで囲む必要はない」くらいの感覚で頭に入れておきましょう。

ブックとシートを操作する　　　　　　　　　　　　　　便利

115 | 場所を指定して
シートをコピーする

図1：場所を指定してコピーしたい

マクロで既存シートをコピー

　シートをコピーするには、シートを指定して「**Copyメソッド**」を実行します。このとき、コピーする位置を引数「After」、もしくは引数「Before」を使って指定します。

指定したシートをコピーする構文
```
シート.Copy After:=基準シート    '基準シートの後ろにコピー
シート.Copy Before:=基準シート   '基準シートの前にコピー
```

　CopyメソッドはAddメソッド（P.244）とは異なり、コピーしたシートを戻り値として返してくれる仕組みが用意されていません。そのため、コピー後のシートを操作するには、なんらかの方法でコピー後のシートを取得する仕組みを用意する必要があります。

　いろいろな方法がありますが、「まず基準シートを取得しておき、コピー後のシートは、指定シートの『次のシート』を取得できる「**Nextプロパティ**」を利用して取得する」など、自分なりのルールを決めておくと、迷わずに操作できるようになります。

ブックの末尾にコピーして操作する

次のマクロは「ひな形」シートのコピーを、末尾の位置へとコピーし、名前を変更します。

指定位置にコピーして操作　　　　　　　　　　11-115：シートのコピー.xlsm

```
01  Sub シートのコピー()
02      Dim toSh, newSh
03      '位置の基準となるシートを取得しておく
04      Set toSh = Worksheets(Worksheets.Count)
05      'ひな形となるシートを「基準シートの後ろ」にコピー
06      Worksheets("ひな形").Copy After:=toSh
07      '基準シートの「次のシート」を変数に代入して操作
08      Set newSh = toSh.Next
09      newSh.Name = "宇都宮"
10  End Sub
```

図2：マクロの結果

末尾に「ひな形」シートをコピーし、名前を設定できた

ここもポイント　引数「Before」とPreviousプロパティの組み合わせ

任意のシートの「前」へコピーしたい場合は、引数「After」の代わりに**引数「Before」**を利用します。さらに、あるシートの「左側」のシートを取得するには、Nextプロパティの代わりに**Previousプロパティ**を利用します。

```
Dim toSh
Set toSh = Worksheets(1)                    '基準シート指定
Worksheets("ひな形").Copy Before:=toSh       '基準シートの左側にコピー
toSh.Previous.Name = "コピー後のシート名"     'コピー後のシート名を変更
```

「常に先頭にシートを追加したい」場合などに覚えておくと便利なテクニックですね。

ブックとシートを操作する　　基本

116 マクロでブックを操作する

マクロでブックを操作する

マクロでブックに関する操作を行うには、「**Workbookオブジェクト**」の仕組みを利用します。Workbookオブジェクトは、その名の通りワークブックに関する情報や機能がまとめられたオブジェクトです。

任意のブック（Workbookオブジェクト）を操作対象として指定するには、「**Workbooksコレクション**」の仕組みを利用します。

Workbooksコレクションから目的のブックを取得

```
Workbooks("集計用.xlsx")    'ブック名で指定
```

「Workbooks」と記述し、その後ろのカッコの中にブック名を指定します。ドットに続けて、希望の操作に対応するプロパティやメソッドを記述すれば、操作が行えます。

次のコードは、ブックのパスを扱うPathプロパティを利用して、「集計用.xlsx」というブックのパスを表示します。

指定ブックのパスを表示

```
Msgbox Workbooks("集計用.xlsx").Path
```

また、「アクティブブック」を操作するには、「**ActiveWorkbookプロパティ**」を利用します。次のコードは、アクティブブックのパスを表示します。

アクティブブックのパスを表示

```
Msgbox ActiveWorkbook.Path
```

もう1つ、「マクロを記述してあるブック」を操作対象に指定したい場合には、「**ThisWorkbookプロパティ**」を利用します。次のコードは、このマクロを記述してあるブックのパスを表示します。

マクロを記述してあるブックのパスを表示

```
Msgbox ThisWorkbook.Path
```

このように、「**対象ブックを指定し、続けてプロパティやメソッドを記述する**」というのが、マクロでブックを扱う際の基本となります。

ブックの各種情報にアクセス

次のマクロは、セルC2に「開いているブック数」、セルC3に「アクティブブックの名前」、セルC4に「アクティブブックのパス」を入力します。

ブックの情報を取得   11-116：マクロでブックを扱う.xlsm

```
01  Sub ブックの操作()
02      '現在開いているブック数を書き出し
03      Range("C2").Value = Workbooks.Count
04      'アクティブブックの各種情報を書き出し
05      Range("C3").Value = ActiveWorkbook.Name
06      Range("C4").Value = ActiveWorkbook.Path
07  End Sub
```

図3：マクロの結果

	A	B	C
1			
2		開いているブック数	5
3		ブック名	販売データ集計.xlsx
4		ブックのパス	C:\excel\集計
5			

→ Workbooksコレクションや Workbookオブジェクトを通じてブックに関する情報を取得できた

Workbookオブジェクトは、次のようにさまざまなプロパティとメソッドで、ブックの情報を取り出したり、操作したりできます。

表1：ブックを操作する際によく利用するプロパティ／メソッド

プロパティ／メソッド	用途
Nameプロパティ	ブック名の取得
Pathプロパティ	ブックが保存されているフォルダーへのパスを取得
FullNameプロパティ	ブック名を含むパスを取得
Closeメソッド	ブックを閉じる
Saveメソッド	ブックを上書き保存
SaveAsメソッド	ブックを別名保存
SaveCopyAsメソッド	ブックのコピーを保存
PrintOutメソッド	ブックの全シートを印刷

ブックとシートを操作する　　　　　　　　　　　　　　　基本 便利

117 | ブックを開いて操作する準備をする

図1：指定したブックを開いて操作したい

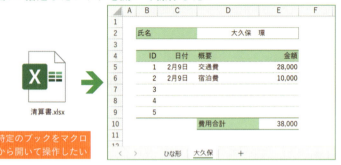

マクロでブックを開く

マクロからブックを開くには、**Workbooksコレクション**の**「Openメソッド」**を実行します。

指定したブックを開く構文
```
Workbooks.Open 開きたいブックのパス
```

次のコードでは、「C:¥excel」フォルダー内にあるブック「精算書.xlsx」を開きます。

指定フォルダーにある指定のブックを開く
```
Workbooks.Open "C:¥excel¥精算書.xlsx"
```

また、開いたブックにあとからデータを書き込んだり、取り出したりといった操作を行いたい場合が多いでしょう。Openメソッドは、戻り値として開いたブックを扱うWorkbookオブジェクトを返すので、開いたついでに変数にセットしておくと、以降の操作は変数を通じて行えるようになります。

指定したブックを開いて変数にセットする
```
Dim bk
Set bk = Workbooks.Open("開きたいブックのパス")
'以降、変数bkを通じて開いたブックを操作できる
```

マクロでブックを開いて任意のシート上のセルへジャンプ

次のマクロは、マクロを記述したブックと同じフォルダー内にあるブック「清算書.xlsx」を開き、「ひな形」シートを選択してメッセージを表示します。

指定ブックを開いて操作　　　　　　　　　　　　　　　　11-117：ブックを開く.xlsm

```
01  Sub ブックを開く()
02      '指定パスのブックを開いて変数にセット
03      Dim bookPath, bk
04      bookPath = ThisWorkbook.Path & "¥清算書.xlsx"
05      Set bk = Workbooks.Open(bookPath)
06      '変数を通じてブックを操作
07      bk.Worksheets("ひな形").Select
08      MsgBox "ひな形をコピーし、シート名を変更後、入力してください"
09  End Sub
```

図2：マクロの結果

Openメソッドで開いたブックを変数にセットし、そのあとの操作は変数を通じて行えていますね。

ここもポイント │ パスワードのかかったブックを開くには

パスワードで保護されているブックを開くには、Openメソッドの引数「Password」にパスワード文字列を指定して実行します。

```
Workbooks.Open "C:¥excel¥集計.xlsx", Password:= "pass"
```

上記コードは指定パス内の、パスワードに「pass」が指定されているブックを開きます。

ブックとシートを操作する　基本 便利

118 マクロで新しいブックを追加する

図1：特定の抽出結果を新規ブックへと転記しておきたい

フィルター結果などを別途新規ブックに転記したい

マクロで新規ブックを作成する

　マクロで新規ブックを追加するには、**Workbooksコレクションに対してAddメソッドを実行**します。また、Addメソッドは戻り値として新規作成したブックを返すため、追加したついでに変数にセットしておき、そのあとは変数を通じてブックを操作するのがおすすめです。

新規ブックを追加して操作する
```
Dim bk
Set bk = Workbooks.Add
'以降、変数bkを通じて新規追加したブックを操作できる
```

　単にブックを追加するだけではなく、そのあとになんらかの操作を行う場合に覚えておくと便利なテクニックですね。

新規ブックを作成して抽出結果を転記する

次のマクロは、マクロを記述してあるブックのセル範囲B3:F13の内容を、新規ブックへとコピーします。セル範囲にフィルターがかかっている場合、その抽出結果のみを転記します。

抽出結果を新規ブックに転記　　　　　　　　　　11-118：新規ブックを作成.xlsm

```
01  Sub 新規ブックを作成してコピー()
02      '転記したいセルをコピーしておく
03      Range("B3:F13").Copy
04      '新規ブックを追加して1枚目のシートのセルB2に貼り付け
05      Dim bk, toRng
06      Set bk = Workbooks.Add
07      Set toRng = bk.Worksheets(1).Range("B2")
08      toRng.PasteSpecial xlPasteColumnWidths
09      toRng.PasteSpecial xlPasteAll
10  End Sub
```

図2：マクロの結果

	A	B	C	D	E	F
1						
2		ID	担当者	地区	日付	金額
3		1	大澤	本店	5月7日	410,000
4		3	大澤	本店	5月9日	1,320,000
5		5	白根	本店	5月22日	2,930,000
6		6	大澤	本店	5月22日	2,200,000
7		7	白根	本店	6月3日	2,610,000
8		10	大澤	本店	6月10日	480,000
9						

新規に追加したブックを操作し、指定した位置へとデータを転記できた

ここもポイント｜追加・コピーは「アクティブなもの」が変わる

ブックやシートは追加した時点で、「新規追加したもの」がアクティブになります。そのため、新規ブック追加後に、既存シートのデータをコピーするつもりで「Range("A1").Copy」を実行すると、コピー対象は「新規追加したブックのシート上のセルA1」となります。

アクティブなものを意識して実行順序を決め、どのブックのデータを扱いたいかでをきっちり指定するなどの対策をしていきましょう。

ブックとシートを操作する　　　　　　　　　　　　　　　　　基本

119 | いろんな形式で ブックを保存する

■ マクロでブックを保存する

　ブックを保存する場合、すでに一度保存済みのブックを上書き保存するには「**Saveメソッド**」を実行します。

Saveメソッドで上書き保存する構文
　ブック.Save

　それに対して、初めて保存する場合や別名を付けて新規に保存し直したい場合には、「**SaveAsメソッド**」の引数にパス込みのブック名を指定して実行します。

SaveAsメソッドで名前を付けて保存する構文
　ブック.SaveAs　ブック名を含むパス

　例えば、アクティブなブックを上書き保存するには、次のようにコードを記述します。Ctrl+Sキーを押したときと同じですね。

アクティブなブックを上書き保存
`ActiveWorkbook.Save`

　未保存のファイルの場合は、「Book1.xlsx」のような初期設定の名前で「ドキュメント」フォルダーなどの規定のフォルダー内に保存されます。
　同じく、アクティブなブックを「C:\excel」フォルダー内に、「売上報告.xlsx」という名前で保存したい場合には、次のようにコードを記述します。

パスを指定して特定のフォルダー内にブック名を付けて保存
`ActiveWorkbook.SaveAs "C:\excel\売上報告.xlsx"`

　また、実行時のブックの複製を別途保存したい場合には、SaveCopyAsメソッドを利用します（P.236）。

SaveCopyAsメソッドで複製を保存する構文
　ブック.SaveCopyAs　ブック名を含むパス

用途に合わせて使い分けていきましょう。

上書き保存と別名保存を使い分ける

次のマクロは、アクティブなブックの末尾に日付を基にした接尾辞を付けて別名保存します。

問い合わせ結果で保存方法を変更　　　　　　　　　11-119：いろいろな形式で保存.xlsm

```
01  Sub 今日の日付を付けて別名保存()
02      Dim bk, newPath, arr
03      '操作対象をセット
04      Set bk = ActiveWorkbook
05      '実行時の日付を基に別名保存する際のパスを作成
06      arr = Split(bk.FullName, ".")
07      newPath = arr(0) & Format(Date, "_yyyymmdd.") & arr(1)
08      '別名保存
09      bk.SaveAs newPath
10  End Sub
```

図1：マクロの結果

清算書.xlsx

マクロ実行

清算書.xlsx

清算書_20240613.xlsx

作業中のブックを、日付を基に作成した接尾辞を付けて別名保存できた

「出張旅費の精算書を、ひな形のブックを基に、1回の出張ごとに別ブックとして保存する」ようなルールで運用している際には、このような仕組みをひな形のブック側に用意しておけば、うっかりひな形を上書きされることなく決まった名付けルールで別ブックを保存していけますね。

> **ここもポイント｜別名保存と複製保存の違いは？**
>
> SaveAsメソッドで別名保存すると、Excelで開いているブックは「別名保存したブック」となります。それに対し、SaveCopyAsブックで複製を保存した際は、Excelで開いているブックは「元のブック」のままです。「元のブックとは別のブックとして作業したい」のか、「元のブックのまま作業したいが、バックアップを取っておきたい」のか、状況によって使い分けていきましょう。

ブックとシートを操作する　　基本

120 ブックを閉じる

特定のブックをマクロから閉じる

ブックを保存するには、ブックを指定してCloseメソッドを実行します。

ブックを閉じる
ブック.Close

この際、ブックに変更がある場合には、変更を保存するかどうかを問い合わせるダイアログが表示されます。手作業で閉じるときと同じですね。

図1：問い合わせダイアログ

Closeメソッド実行時にブックに変更がある場合に表示されるダイアログ

このダイアログを表示させずに、必ず変更を保存してから閉じるには、**引数「SaveChanges」に「True」を指定して**Closeメソッドを実行します。

変更がある場合に上書き保存してから閉じる
ブック.Close SaveChanges:=True

それとは逆に、必ず変更を保存せずに閉じるには、**引数「SaveChanges」に「False」を指定して**Closeメソッドを実行します。

変更がある場合に保存せずにブックを閉じる
ブック.Close SaveChanges:=False

一時的にブックを開き、目的のデータをコピーしたら変更を保存せずにそのまま閉じたい、といった場合にはこちらの仕組みを使っていきましょう。

Chapter 12

ブックとシートを まとめて操作する

本章では複数のブックやシートをまとめて扱う方法についてご紹介します。
Excelでの作業の多くは、1枚のシート、1つのブックでは完結しません。複数シート、複数ブックを使ったデータのやりとりや、一時的な計算を行うためだけのシートやブックを使用する場合もあります。
こういったときに便利なのが、複数のシートやブックをまとめて操作できるマクロです。「まとめて○○できる」という便利さに加え、「複数シートや複数ブックを使った作業でも面倒ではない」という安心感が、きちんと整理整頓されたシートやブックを作成する動機付けにもなってくれるでしょう。
それでは、見ていきましょう。

ブックやシートを一括操作

121 バックグラウンドで開いているブックをまとめて閉じる

図1：作業中のブック以外をまとめて閉じる

作業中のブック

作業中のブックを除いてまとめて閉じたい

特定ブックを除いた残りのブックを操作する

　ループ処理と条件分岐を組み合わせると、「特定対象を除いた、残りの対象に対するループ処理」が作成できます。

　例えば、ブック全体を扱うWorkbooksコレクションに対するループ処理から、特定ブックのみ処理対象外とするには、次のようにコードを記述します。

特定ブックを「除いて」同じ処理を行う

```
Dim bk
For Each bk In Workbooks
    If Not bk Is 除外対象ブック Then
        変数bkを通じてブックに対して実行したい処理を記述
    End If
Next
```

　除外の判定は、左辺と右辺が同じオブジェクトであるかどうかを判定する「Is演算子」を利用します。

マクロを記述したブックをループ処理の対象外としたい場合には、条件式部分を「**Not bk Is ThisWorkbook**」とし、「集計.xlsx」を処理の対象外としたい場合には、「**Not bk Is Workbooks("集計.xlsx")**」とします（「集計.xlsx」を開いていない場合は、エラーとなります）。「特定ブック以外を全部閉じたい」というような場合に覚えておくと便利なテクニックですね。

マクロを記述したブック以外をまとめて閉じる

次のマクロは、マクロを記述してあるブック以外をまとめて閉じます。

マクロを記述したブック以外を閉じる　　　　12-121：作業ブック以外を閉じる.xlsm

```
01  Sub 特定ブック以外を閉じる()
02      'マクロを記述してあるブック以外を変更を保存せずに閉じる
03      Dim bk
04      For Each bk In Workbooks
05          If Not bk Is ThisWorkbook Then
06              bk.Close SaveChanges:=False
07          End If
08      Next
09  End Sub
```

図2：マクロの結果

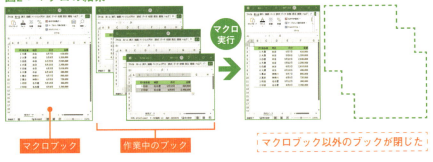

ここもポイント｜除外対象が複数ある場合には

除外したいブックが複数ある場合には、Or演算子やAnd演算子を使って複数の判定式を組み合わせるなど、判定式を工夫してみましょう。詳しいコードは、サンプルを参照してください。

ブックやシートを一括操作　タイパ

122 現在のシートを残して削除する

図1：特定のシートを除いて処理を行いたい

「集計」シート以外を削除したい

特定シートを除いた残りのシート全体に操作を行う

　特定シートを残して残りのシートを削除するタイプの処理は、2段階に分けて処理を整理するとわかりやすくなります。まず、処理から除外したい対象シートをMoveメソッドで先頭へと移動させます。

処理から除外したいシートを先頭へ移動する構文
```
処理から除外したいシート.Move Before:=Worksheets(1)
```

　この状態になったら、「2枚目以降のすべてのシート」を削除します。この処理はいろいろな形で記述できますが、今回はFor Nextステートメントで、Worksheets.Countで得られる「末尾のシート」のインデックス番号のシートから「2枚目のシート」までを逆順に削除していきます。

「末尾のシート」から「2枚目のシート」までを逆順に削除
```
For shtIndex = Worksheets.Count To 2 Step -1
    Worksheets(shtIndex).Delete
Next
```

　残したいシートはすでに1枚目に移動してあるので、「2」枚目のシートまで削除すれば、結果として「残りすべて」のシートを削除できるわけですね。
　このような「1つを除いて処理を行いたい」タイプの処理は、「除外するものをリストの先頭に移動する」「2つ目以降をループ処理する」という2段階に分けた考え方を覚えておくと、目的のコードがスムーズに作成できます。
　また、削除などの「ループ処理中に対象が減っていく」タイプの処理は、「末

尾から削除していく」ことで、「削除によって生じるアキを詰める処理」を考えずに済むので、コードも処理内容もシンプルになります。

アクティブシート以外を削除する

次のマクロはアクティブシート以外のシートを一括削除します。

「集計」シート以外を一括削除
12-122：特定シート以外を削除.xlsm

```
01  Sub アクティブシート以外を削除()
02      ActiveSheet.Move Before:=Worksheets(1)
03      '最終シートから逆順に2枚目のシートまで削除
04      Dim shtIndex
05      For shtIndex = Worksheets.Count To 2 Step -1
06          Worksheets(shtIndex).Delete
07      Next
08  End Sub
```

図2：マクロの結果

❶「集計」シートを選択している状態でマクロを実行

「集計」シート以外を削除できた

　一括削除の仕組みを用意しておくと、とりあえず計算用やメモ用に一時的に作成したシートをまとめて削除しやすくなります。一時的な計算をシート単位で整理しながら進める作業の際に便利ですね。

ここもポイント｜複数シートを残したい場合には

2つ以上のシートを残したい場合には、残したいシートを先頭から順番に並べ、特定の位置（インデックス番号）以降のシートに対してループ処理を実行して削除を行いましょう。例えば、2枚のシートを残したいのであれば、残したいシートを1枚目、2枚目に移動してから、3枚目以降のシートに対して削除処理を行います。

ブックやシートを一括操作 便利 5行以内

123 | まとめて操作するシートのリストを作る

図1：作業グループを作ってまとめて作業したい

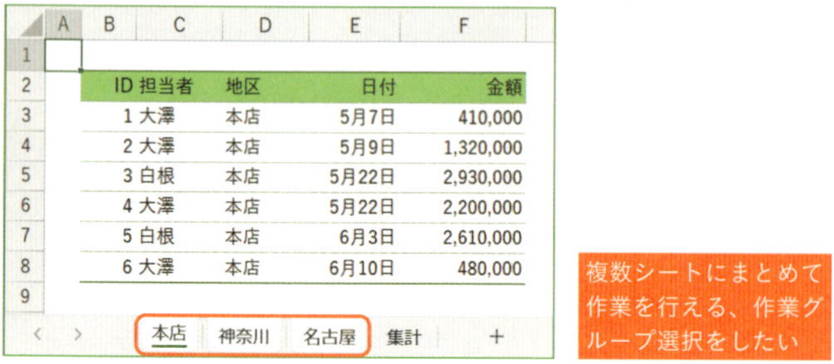

複数シートにまとめて作業を行える、作業グループ選択をしたい

マクロで複数シートをまとめて扱う「作業グループ」選択

　複数シートをまとめて作業したいときに便利な仕組みが、[**作業グループ**]です。通常、作業グループ選択を行うには、Ctrlキーを押しながらグループ化したいシート見出しをクリックしていきます。

　この作業をマクロで行うには、「**Array関数**」（複数の値をひと固まりとして扱えるリスト「配列」を作成できる）を使って作成したリストを、Worksheetsプロパティの引数に指定した上で、「**Selectメソッド**」を実行します。

作業グループ選択を行う構文
```
Worksheets(Array(シートのリスト)).Select
```

　1枚目・2枚目・5枚目のシートを作業グループ選択するには、次のように記述します。

1枚目・2枚目・5枚目のシートを作業グループ選択する
```
Worksheets(Array(1, 2, 5)).Select
```

　また、インデックス番号で指定するのではなく、「A組」・「B組」などのシート名で作業グループ化したい場合は、次のようにも記述できます。

シート名で指定して作業グループ選択する
```
Worksheets(Array("A組", "B組")).Select
```

マクロで作業グループを作成する

次のマクロは、シート名が「本店」「神奈川」「名古屋」の3つのシートを、作業グループとして選択します。

マクロで作業グループ選択　　　　　　　　　　　12-123：作業グループ選択.xlsm

```
01  Sub 作業グループ選択()
02      Dim shtNameList
03      shtNameList = Array("本店", "神奈川", "名古屋")
04      Worksheets(shtNameList).Select
05  End Sub
```

図2：マクロの結果

リスト化したシートを作業グループとして選択できた

このマクロでは作業グループをSelectメソッドで「選択」しましたが、選択せずにPrintOutメソッドを実行すればリスト化したシートのみを印刷できますし、Copyメソッドを実行すればリスト化したシートのみからなる新規ブックを作成できます。「リストのシートすべてに対して何か行いたい」際の起点となる指定方法として活用できますね。

> **ここもポイント** ｜ **作業グループ選択を解除するには**
>
> マクロから作業グループ選択を解除するには、次のように記述します。
>
> ```
> '作業グループ選択を解除
> ActiveSheet.Select
> ```
>
> 「アクティブシートを選択する」という、なんの意味もなさそうなコードですが、作業グループ選択時は、「アクティブシート"だけ"を選択する」という操作となり、結果として作業グループ選択が解除できます。

124 すべてのシートのセルA1を選択して保存する

図1：すべてのシートのセルA1を選択した状態にしたい

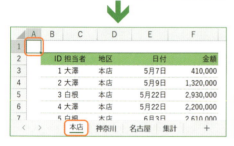

作業直後の状態

すべてのシートでセルA1を選択し、1枚目のシートがアクティブな状態で保存したい

資料を送る前にカーソルをセルA1に移動しよう

　得意先にブックを送信する際には、「全シートのセルA1を選択」「1枚目のシートを選択」のように、きちんとした初期位置を選択した状態で送付したいものです。単純ですが、ブックを見る際に、見やすく、違和感なく、すっと内容が入ってくるようにするための大切な作業です。しかし、シート数が増えてくると正直面倒ですよね。そこでマクロの出番です。

　各シートに対するループ処理と、**引数に指定した位置のセルに［ジャンプ］する「Application.GoToメソッド」**を組み合わせれば、どんなにシート数の多いブックでも確実にセルA1を選択した状態に一瞬でできます。

任意のセルにジャンプ（選択）する構文

```
Application.Goto シートを含んだセル参照
```

　この際、最終的に1枚目のシートのセルA1を選択するようにループ処理を

作成すれば、最後に選択されているのは「1枚目のシートのセルA1」という状態に仕上がります。そのあとに上書き保存の処理を付け加えれば完成です。

すべてのシートのセルA1を選択した状態で上書き保存

次のマクロは、アクティブブックに対して、すべてのシートのセルA1を選択し、最終的に選択されているのは1枚目のシート、という状態で上書き保存します。

すべてのシートのセルA1を選択　　　　　　　　12-124：全シートのセルA1選択.xlsm

```
01  Sub 全シートのセルA1選択()
02      Dim shIdx
03      '末尾のシートから順番にセルA1へジャンプ（選択）
04      For shIdx = Worksheets.Count To 1 Step -1
05          Application.Goto Worksheets(shIdx).Range("A1")
06      Next
07      '上書き保存
08      ActiveWorkbook.Save
09  End Sub
```

図2：マクロの結果

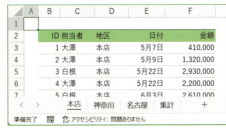

すべてのシートでセルA1を選択し、1枚目のシートがアクティブな状態で保存できた

ここもポイント ｜ SelectかGotoか

1枚目のシートのセルA1を選択するには、

`Worksheets(1).Range("A1").Select`

でもいいようにも思えます。しかし、このコードは1枚目以外のワークシートが表示されている場合にはエラーとなります。それに対し、

`Application.Goto Worksheets(1).Range("A1")`

は、どのシートが選択されていても、1枚目のシートがアクティブになり、その上でセルA1が選択されるという違いがあります。

125 非表示シートがあるかどうかをチェックする

ブックやシートを一括操作 / 便利

図1：非表示シートがあるかどうかを正確に把握したい

ブック内に非表示シートがあるかどうかを把握したい

マクロで非表示シートの有無をチェック

ブックの作成中、一時的な計算をまとめたシートを作成したり、バックアップ用にシートを丸ごとコピーしたりすることはよくあります。そして、そのシートを一時的に非表示にしておくこともあるでしょう。

自分で使う分にはいいのですが、上司や取引先に送付してしまうと、見せたくないデータを意図しない相手に見られてしまうことになりかねません。送信前にチェックしておきたいところですが、そもそも非表示機能は「見つかりにくくするもの」です。つまりは、見落としてしまう危険性が高いのです。なんとかならないでしょうか。そこでマクロの出番です。

シートの表示状態は、「**Visibleプロパティ**」で管理されています。

任意のシートの表示状態を取得する構文
```
シート.Visible
```

値が「xlSheetVisible」であればシートは表示されており、それ以外であれば非表示です。そこで、ブック内のすべてのシートについて、Visibleプロパティの値をチェックし、「xlSheetVisibleかどうか」を調べれば、モレなくチェックができるわけですね。

また、状態をチェックするだけではなく、マクロから非表示シートを再表示するには、Visibleプロパティの値を「xlSheetVisible」に設定します。

任意のシートを表示状態にする構文
```
シート.Visible = xlSheetVisible
```

非表示シートを一括で再表示する

　次のマクロはアクティブブック内に非表示シートがある場合には再表示し、シート名を書き出します。

非表示シートを一括表示　　　　　　　　　　　　12-125：非表示シートのチェック.xlsm

```
01  Sub 非表示シートを再表示()
02      Dim sh
03      For Each sh In Worksheets
04          If sh.Visible <> xlSheetVisible Then
05              Debug.Print sh.Name
06              sh.Visible = xlSheetVisible
07          End If
08      Next
09  End Sub
```

図2：マクロの結果

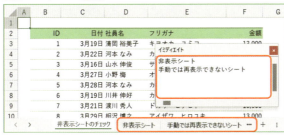

ブック内の非表示シートを一括で再表示し、シート名を書き出せた

ここもポイント ｜ 手動では再表示できないシートもある

Visibleプロパティに「xlSheetVeryHidden」を設定したシートは手作業［シート］タブのメニューから「再表示」を選択）では再表示できなくなります。

```
Worksheets(3).Visible = xlSheetVeryHidden
```

再表示するには、マクロやVBEを利用して、Visibleプロパティを「xlSheetVisible」に再設定する必要があります。マクロに詳しい方が、この方法で「隠して」おいたものを忘れている場合があるので注意しましょう。

ブックやシートを一括操作　ミス減 タイパ

126 | シート上のリスト通りに新規シートを追加する

図1：書き出しておいた名前・順番でシートを追加したい

セル上に記述したリスト通りに新しいシートを追加したい

マクロでリスト通りに新規シートを追加する

　ブックにシートを追加する場合、決まったルールに沿った名前で複数シートを用意したい場合があります。しかし、数が増えてくると面倒です。そこでマクロの出番です。

　シート上に新規シートの名前リストを作成し、その値と順番に沿った形式でシートの追加＆名前の設定を行うマクロを作成してしまいましょう。

　新規シートの追加はAddメソッド（P.244）を利用します。この際、「新規シートを追加すると、その時点でアクティブシートは新規追加シートになる」という仕組みを利用し、「アクティブシートの後ろに新規シートを追加する」処理を連続で行っていくと、結果的にリストの順番通りに並んだ状態でシートが作成できます。

アクティブシートの後ろに新規シートを追加していく
```
Worksheets.Add(After:=ActiveSheet).Name = "名前1"
Worksheets.Add(After:=ActiveSheet).Name = "名前2"
'結果は「名前1」「名前2」の順番でシートが並ぶ
```

　上記の場合は、マクロを実行したシートの後ろに、「名前1」「名前2」の順番で新規シートが追加されます。この仕組みを、セルに入力された値と組み合わせればマクロの完成です。

選択セルの値を基に順番にシートを作成する

次のマクロは、選択セル範囲に記述されたシート名のリストの順番通りに、新規シートを追加します。

選択セル範囲のリストを基にシート追加　　12-126：リストに従ってシート追加.xlsm

```
01  Sub リスト通りに新規シート追加()
02      '選択セル範囲の値に沿った新規シート作成
03      Dim shtName
04      For Each shtName In Selection.Value
05          'アクティブシートの後ろにシートを追加して名前設定
06          Worksheets.Add(After:=ActiveSheet).Name = shtName
07      Next
08  End Sub
```

図2：マクロの結果

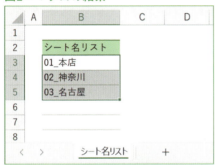

1 作成したいシート名を入力し、そのセル範囲を選択してマクロを実行

リストの順番・名前で新規シートが追加できた

ここもポイント｜シート名の名前制限に注意

シート名には「:（コロン）」や「¥」など、利用できない記号が存在します。リストを作成する際には、これらの値を利用しないように注意しましょう。

マクロからファイル操作

127 | フォルダー内のすべての Excel ブックを列挙する

図1：特定フォルダー内にあるブックを把握したい

指定フォルダー内にあるExcelブック名のリストを作成したい

■ マクロで特定フォルダー内のブックすべてを列挙する

特定フォルダー内のすべてのブック名を取得したいときには、「**Dir関数**」を利用します。Dir関数は指定パスのファイルがあるかどうかを判定できる関数なのですが、このパスの指定は「*（アスタリスク）」を使った「**ワイルドカード指定**」ができるようになっています。

例えば、「C:¥excel」フォルダー内に、Excelブック（拡張子が「.xlsx」のファイル）のブックがあるかどうかは次のパス指定で判定できます。

指定フォルダー内の拡張子が「.xlsx」のファイルを検索するコード
```
Dir("C:¥excel¥*.xlsx")        'フォルダー内のブック名を返す
```

「*」の部分がワイルドカード、つまり、「なんでもよい文字列」です。該当するファイルがあれば、そのファイル名を返し、ない場合は「""」を返します。

さらにDir関数には、「**引数を指定せずに再実行すると、同条件の"次のファイル"の名前を返す**」仕組みになっています。

つまり、「""」が返るまで繰り返し実行すれば、すべてのExcelブックのブック名が取得できるというわけです。

■ マクロで特定フォルダー内のExcelブック名を列挙する

Dir関数の仕組みを使って、「引数として受け取ったフォルダーパス内のExcelブックのリストを返す」関数を作成してみましょう。「util」モジュー

ルに以下の関数「BkListInFolder」を作成します。

対象フォルダー内のExcelブックのリストを取得する関数 12-127：フォルダー内のブックのリスト作成.xlsm

```vb
Function BkListInFolder(folderPath)
    Dim file, list()
    list = Array()
    'フォルダー内のExcelブックをすべて検索
    file = Dir(folderPath & "\*.xlsx")
    Do While file <> ""
        ReDim Preserve list(UBound(list) + 1)
        list(UBound(list)) = file      '見つかったブック名を追加
        file = Dir()                   '同条件で「次のブック」検索
    Loop
    BkListInFolder = list
End Function
```

10行を超えてしまいましたが、これでリストが作成できます。上記の関数BkListInFolderを利用して、「C:\excel」フォルダー内にあるブックのリストを取得・表示するには次のようにコードを記述します。

関数BookListInFolderを利用してフォルダー内のブック名を列挙 12-127：フォルダー内のブックのリスト作成.xlsm

```vb
Sub ブック名の列挙()
    '指定フォルダー内のブックのリストを取得
    Dim bookList, i
    bookList = util.BkListInFolder("C:\excel")
    '個別の値を取り出す
    For i = 0 To UBound(bookList)
        Range("B3").Offset(i).Value = bookList(i)
    Next
    '取得したリストを「:」で連結してまとめて表示
    MsgBox Join(bookList, ":")
End Sub
```

図2：マクロの結果

指定フォルダー内にあるExcelブック名を取り出して列挙できた

マクロからファイル操作 | 便利 ミス減 タイパ

128 シート上のリスト通りにファイル名を変更する

図1:シート上のルールに従ってファイル名を変更したい

book1.xlsx

book2.xlsx

book3.xlsx

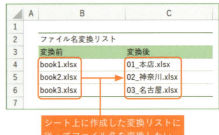

シート上に作成した変換リストに従ってファイル名を変換したい

マクロでファイル名を変更する

作業を進めていくうちに、わかりやすくするためにブック名を整理したり、連番を表す数値を付けたりと、あとからブック名を変更したくなることがあります。1個2個ならばいいのですが、10個や20個もブック名を変更するとなると、少々骨の折れる作業ですし、うっかり変更モレをしてしまうブックも出てきます。そこでマクロの出番です。

シート上に元のブック名と変更後のブック名を列挙したリストを作成して、変更モレや名前の重複をチェックし、あとはその通りに変更します。

マクロでブック名を変更するには、「**Nameステートメント**」を利用します。

Nameステートメントでファイル名を変更する構文
```
Name 変更前のファイルパス As 変更後のファイルパス
```

例えば、「C:\excel」フォルダー内に保存されている「Book1.xlsx」の名前を、「集計.xlsx」に変更するには、次のようにコードを記述します。

2つのパス文字列を使ってファイル名を変更する例
```
Name "C:\excel\Book1.xlsx" As "C:\excel\集計.xlsx"
```

この仕組みをシート上に作成したリストと組み合わせれば、ブック名がリスト通りに一括変更できるマクロの完成です。

特定フォルダー内のExcelブック名を一括変更する

次のマクロは、指定フォルダー内にあるファイルのうち、選択範囲の名前のファイルのファイル名を、右隣のセルの値のファイル名に変更します。

リストに沿ってファイル名を変換　　　　　　　　　　12-128：ファイル名を変更.xlsm

```
01  Sub ファイル名変更()
02      Dim fld, rng
03      '対象フォルダーのパス作成
04      fld = ThisWorkbook.Path & "¥対象フォルダー¥"
05      For Each rng In Selection
06      'セルの値に沿って変更
07          Name fld & rng.Value As fld & rng.Next.Value
08      Next
09  End Sub
```

図2：マクロの結果

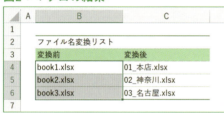

❶ 変換前のファイルのリストが入力されている範囲を選択してマクロを実行

シート上に作成した変換リストに従ってファイル名を変換できた

ちなみにNameステートメントはExcelブックだけではなく、Wordドキュメントや画像、テキストファイルなども同じ仕組みで変更できます。

Dir関数（P.272）で既存ファイルのリストを取得して、そのリストを基に変換後の名前のリストを作成して変換するなど、いろいろ応用できますね。

| データの統合 | 便利 5行以内 |

129 複数シートをまとめてコピーして新規ブックを作成する

図1：既存ブック内の指定シートを新規ブックとして取り出したい

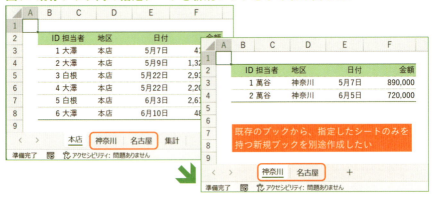

マクロで指定シートからなる新規ブックを作成

　マスターとなるブックのデータのうち、いくつかのシートのみを独立したブックとして別途保存したい場合があります。こんなときには、指定したシートからなる新規ブックを作成するマクロを用意しておくと便利です。

　複数シートをまとめて扱うには、Worksheetsコレクションの引数に、Array関数を利用したリストの形で指定します（P.116）。この状態で指定した複数シートに対して、**Copyメソッドを引数なしで実行すると、指定シートのみからなる新規ブックが新規作成されます**。

複数シートからなる新規ブックを作成する構文
```
Worksheets(Array(対象シート1, 対象シート2…)).Copy
```

　また、シートの選択をマクロで行うのではなく、手作業でその時々に合った組み合わせで行いたい場合は、作業グループの仕組みと、作業グループとして選択中のシートを取得する「**ActiveWindow.SelectedSheetsプロパティ**」を利用すると、同様の操作を行えます。

実行時の作業グループのシートのみからなる新規ブックを作成
```
ActiveWindow.SelectedSheets.Copy
```

毎回決まった組み合わせのブックを作成したい場合は前者、その都度ピックアップしたい場合は後者の仕組みを使っていきましょう。

マクロで既存ブックのデータを別ブックとして別途作成

次のマクロは、指定したシート（2枚目、3枚目のシート）のみからなる新規ブックを別途作成します。

指定シートからなるブックを別途作成　　12-129：複数シートから新規ブックを作成.xlsm

```
01  Sub 特定シートの一括コピー()
02      '2枚目と3枚目のシートのコピーからなる新規ブックを作成
03      Worksheets(Array(2, 3)).Copy
04  End Sub
```

次のマクロは、実行時にグループ選択しているシートのみからなる新規ブックを別途作成します。

作業グループのシートからなるブックを別途作成　12-129：複数シートから新規ブックを作成.xlsm

```
01  Sub 作業グループの一括コピー()
02      '作業グループとして選択中のシートからなる新規ブックを作成
03      ActiveWindow.SelectedSheets.Copy
04  End Sub
```

図2：作業グループの一括コピーの結果

作業グループとして選択していたシートのみを別途新規ブックにコピーできた

ここもポイント　｜　コピー後のブックを取得するには

Copyメソッドで作成したブックをマクロで操作するには「現状、最後に追加したブック」という考え方で、「Workbooks（Workbooks.Count）」というコードで対象ブックを取得します。最後に追加されたWorkbookオブジェクトのインデックス番号を「Workbooks.Count」で取得し、それをWorkbooksコレクションの引数として与えることで、新たに追加されたWorkbookオブジェクト、つまりは、コピーしたてのブックを取得するわけですね。

データの統合 | 便利

130 あとで参照したい資料を専用ブックにコピーする

図1：いろいろなブックのデータを集約用ブックに保存したい

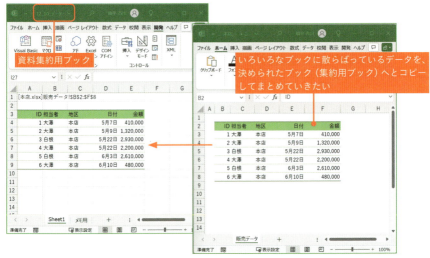

集約専用ブックにいろいろなブックのデータを蓄積する

　レポートや提案書を作成する際には、下準備としてさまざまなブックに散らばっているデータを集約する作業を行うことがあるでしょう。このとき、マクロを使って特定の集約専用ブックに資料を蓄積する仕組みを作成しておくと、必要なデータを拾い集めて再構築する作業が楽になります。

　また「どのブックから拾ってきたデータなのか」の情報も一緒にメモできると、あとからじっくり資料を検討する際に役立ちます。

　この仕組みは、CopyメソッドとAddressプロパティなどを組み合わせると作成できます。

　ちなみに、この手の「データを集めるマクロ」は、どのブックからでも利用できるよう、ショートカットキーに登録（P.296）しておくと便利です。

　「利用できそうなブックを開いて、気になるデータがあったらショートカットキーを押して専用ブックにコピーしていく」というスタイルで、どんどん必要なデータを蓄積していきましょう。

選択している内容を特定ブックにコピーする

次のマクロは、選択中のセル範囲を集約専用のブックにコピーします。実行するたびに新規シートを追加し、セルA1にコピーした範囲のアドレス情報を、セルA3を起点とした位置に選択範囲をそのままコピーします。

選択範囲を特定ブックにコピーする　　　　　　　　12-130：データをコピー.xlsm

```
01  Sub 資料をコピー()
02      'マクロを記述したブックに選択範囲をコピー
03      Dim sht
04      Set sht = ThisWorkbook.Worksheets.Add
05      sht.Range("A1").Value = Selection.Address(External:=True)
06      Selection.Copy sht.Range("A3")
07  End Sub
```

図2：マクロの結果

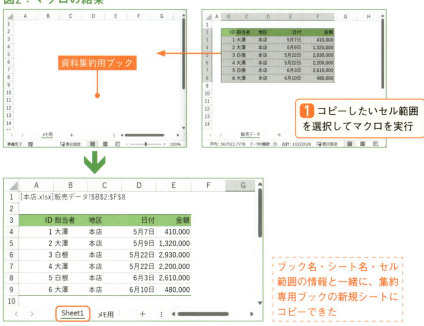

「セル範囲.Address(External:=True)」で取得できる「ブック名やシート名を含んだセル範囲」も入力しておくことで、あとからコピー元のデータを詳しく確認したいときでも探しやすくなりますね。

データの統合　　　　　　　　　　　　　　　　　　　ミス減　タイパ

131 複数シートのデータを 1つのシートにまとめる

図1：複数のシートのデータを1つにまとめる

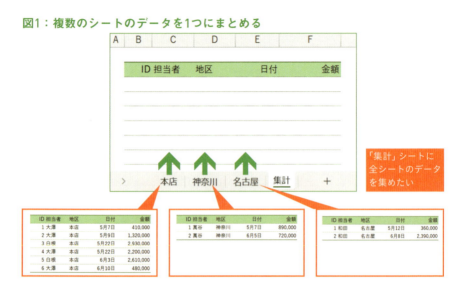

マクロで複数シートのデータを1つのシートにまとめる

　ブック内の複数のシートに散らばっているデータを、1つのシートにまとめる作業は非常によくある作業です。そして、シート数が多くなってくると、なかなか時間がかかる作業となります。そこでマクロの出番です。どれだけシート数が増えようとも、一瞬で集計完了です。

　マクロを使って複数のシートのデータをまとめるには、シート全体に対するループ処理と、条件分岐、そしてコピー処理を組み合わせます。

　ループ処理を行う場合には、「データを集約する集計用のシートを除いてループ処理を行う」仕組みが必要になります。いろいろな方法がありますが、集計用のシートというのは、ブックの先頭か末尾にあることが多いでしょう。そこで今回は、集計用のシートが末尾にあるものと想定して、「1枚目のシートから、末尾から1つ前のシートに対してループ処理を行い、データを末尾のシートにコピーする」という方法でマクロを作成してみましょう。

マクロでデータを集約する

次のマクロは、ブック内の末尾の「集計」シートに、残りのシートのデータをすべて転記します。各シートから転記してくるデータは、「セルB2を起点とした表のうち、見出し部分を除いたセル範囲」です。

「集計」シートにデータを集める　12-131：特定シートに全シートのデータを集計.xlsm

```
Sub データの集約()
    Dim i, rng, fieldRng
    '転記先の見出しのセル範囲をセット
    Set fieldRng = Worksheets("集計").Range("B2:F2")
    '集計用の末尾のシートを除いてループ処理
    For i = 1 To Worksheets.Count - 1
        'セルB2起点の表の見出しを除いた範囲をコピー
        Set rng = Worksheets(i).Range("B2").CurrentRegion
        rng.Resize(rng.Rows.Count - 1).Offset(1).Copy
        '見出しセル範囲を基に「次のデータ」の位置に貼り付け
        fieldRng.Offset(fieldRng.CurrentRegion.Rows.Count) _
                                .PasteSpecial xlPasteValues
    Next
End Sub
```

図2：マクロの結果

	A	B	C	D	E	F
1						
2		ID	担当者	地区	日付	金額
3		1	大澤	本店	5月7日	410,000
4		2	大澤	本店	5月9日	1,320,000
5		3	白根	本店	5月22日	2,930,000
6		4	大澤	本店	5月22日	2,200,000
7		5	白根	本店	6月3日	2,610,000
8		6	大澤	本店	6月10日	480,000
9		1	萬谷	神奈川	5月7日	890,000
10		2	萬谷	神奈川	6月5日	720,000
11		1	和田	名古屋	5月12日	360,000
12		2	和田	名古屋	6月8日	2,390,000
13						

本店　神奈川　名古屋　集計　+

「集計」シートに全シートのデータを集められた

長くなってしまいましたが、「特定シートにデータを集約する」処理の基本の形といえます。コメントを見ながら仕組みをチェックしてみてください。

マクロでインデックス番号を振り直す

各シートのデータに、「通しのインデックス番号」として独自の連番を振ってある場合、そのままコピーしてくると、ほかのシートの連番と重複する値が出てきます。

個々のレコードにユニークな連番を持たせたい場合には、あらためてインデックス番号を振り直す必要が出てきますね。

そこで、コピー後のデータに新たにインデックス番号を振り直すマクロを作成してみましょう。こちらの処理もループ処理を利用すれば簡単に作成できます。

指定列にあらためて連番を振る　　12-131：特定シートに全シートのデータを集計.xlsm

```
01  Sub IDの振り直し()
02      Dim rng, i
03      '「集計」シートのセルB3から下方向の最終セルまでの範囲を取得
04      Set rng = Worksheets("集計").Range("B3")
05      Set rng = Range(rng, rng.End(xlDown))
06      '1から始まる連番を入力
07      For i = 1 To rng.Count
08          rng.Cells(i).Value = i
09      Next
10  End Sub
```

図3：マクロの結果

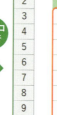

セルB3から始まる「ID」列のデータ範囲の連番を振り直した

Chapter 13

自動化の可能性を広げるプラスαのテクニック

本書の最後となる本章では、マクロを快適に利用・作成するために用意されている仕組みやちょっとしたコツをご紹介します。マクロを、「作りやすく」「使いやすく」、そして「直しやすく」するためのいろいろな仕組みを見ていきましょう。

マクロを作成しているうちに「こんなことができたらいいのに」「こういうときに困るんだよな」と多くの人が感じている箇所を先回りして把握しておき、その対処方法をつかんでおきましょう。なかには今すぐ使うには難しかったり、意味がないように思えたりすることもあるかもしれません。そのような節は、とりあえず「こんなこともできるんだな」と目を通しておいて、必要な場面が来たらもう一度読み返してみてください。

それでは、見ていきましょう。

プラスαのテクニック

便利 **5行以内**

132 | 現在のブックのフォルダーを開く

図1：作業中のブックのフォルダーを開きたい

作業中のブックが保存されているフォルダーをエクスプローラーで開きたい

📘 マクロからエクスプローラーを開く

　Excelで作業を行っているとき、作業中のブックのフォルダーや、特定の資料が保存してあるフォルダーをWindowsのエクスプローラーで開きたい場合があります。そんなときは、**「Shellオブジェクト」の「Runメソッド」**を利用すると、希望のパスのフォルダーをエクスプローラーで開くことができます。
　マクロからRunメソッドを利用するには、次のようにコードを記述します。

ShellオブジェクトのRunメソッド
```
CreateObject("WScript.Shell").Run パス
```

　例えば、「C:¥excel」フォルダーを開きたい場合には、次のようにコードを記述します。

```
CreateObject("WScript.Shell").Run "C:¥excel"
```

　特定のフォルダーを開いてから作業を進めたいときは、このマクロを使うことで希望のフォルダーを開くことができます。
　「現在作業中のブックのフォルダー」を開きたいときは、ActiveWorkbookプロパティで取得したブックオブジェクトのPathプロパティを使いましょう。作業中のブックのパスが取得できるので、この値をRunメソッドの引数に指定すればOKです。

マクロから指定パスのフォルダーを開く

次のマクロは、作業中のブック（アクティブなブック）が保存されているフォルダーを開きます。

作業中のブックが保存されているフォルダーを開く 13-132：指定フォルダーを開く.xlsm

```
01  Sub 指定フォルダーを開く()
02      'このブックを保存してあるフォルダーを開く
03      CreateObject("WScript.Shell").Run ActiveWorkbook.Path
04  End Sub
```

図2：マクロの結果

①保存済みのブックの作業中にマクロを実行

作業中のブックが保存されているフォルダーを開けた

作業中のブックが保存されているフォルダーを開くだけでなく、1日の作業初めに、「今日の作業で利用する資料の保存されているフォルダーのセット」を一括で開くなどの作業にも応用できますね。

> **ここもポイント｜クラウドに保存しているブックには注意**
>
> OneDriveなどのクラウド内に保存しているブックの場合は、PathプロパティでられるのはクラウドのURIになるため、ブラウザーでクラウド側のURLを開きます。ローカル側のパスを取得するには、ひと手間かける必要がある点に注意しましょう。

プラスαのテクニック　便利　タイパ

133 いつものウィンドウサイズに調整する

図1：「いつものサイズ」「いつもの配置」で作業したい

マクロでウィンドウのサイズを設定する

作業を行う際には、作業の種類に応じてウィンドウサイズや位置を調整することがあります。よく使うブックであれば「いつものサイズ」や「いつもの位置」が決まっているものもあるでしょう。しかし、毎回手作業でこの調整を行うのはなかなか手間です。そこでマクロの出番です。

Excelのウィンドウは「**Windowオブジェクト**」として管理されています。操作対象とするウィンドウを指定するには、作業中のウィンドウであればActiveWindowプロパティで取得できます。

作業中のウィンドウに対する操作の構文
```
ActiveWindow.各種プロパティ ＝ 値
```

特定ブックが表示されているウィンドウの場合は、ブックの「**Parentプロパティ**」からたどるのがお手軽です。

特定ブックが表示されているウィンドウに対する操作の構文
```
Workbooks("ブック名").Parent.各種プロパティ ＝ 値
```

ウィンドウの大きさや位置を調整するには、それぞれ「**Width**」「**Height**」

「Top」「Left」の各プロパティで「幅」「高さ」「上端位置」「左端位置」を指定します。

表1：位置と大きさに関するプロパティ

プロパティ	用途	プロパティ	用途
Width	幅を設定	Top	上端の位置を設定
Height	高さを設定	Left	左端の位置を設定

なお、ウィンドウの位置や大きさを設定する場合には、ウィンドウの表示設定が「標準」になっている必要があります。この設定は、ウィンドウの**「WindowStateプロパティ」の値に「xlNormal」を指定**します。

アクティブなウィンドウのサイズを設定する

次のマクロはアクティブなウィンドウのサイズを「幅530」「高さ520」に設定します。

アクティブなウィンドウのサイズを設定　　　　13-133：ウィンドウサイズ変更.xlsm

```
01  Sub ウィンドウサイズ設定()
02      'アクティブなウィンドウのサイズを設定
03      With ActiveWindow
04          'ウィンドウの表示設定を「通常」に変更
05          .WindowState = xlNormal
06          '幅と高さを設定
07          .Width = 530
08          .Height = 520
09      End With
10  End Sub
```

図2：マクロの結果

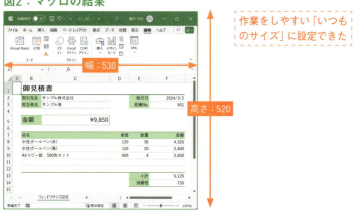

作業をしやすい「いつものサイズ」に設定できた

プラスαのテクニック　便利 タイパ

134 画面のちらつきやイベント処理を抑えて高速化する

■ マクロで画面の更新や再計算の方法を設定する

　マクロからブックを開いたり、シートを追加／削除したりといった操作を行うと、その操作に応じて画面上のExcelも動きます。複数のブックやシートを操作すると、まるで早送りの動画を見ているかのように目まぐるしく画面が更新されます。また、セルに値を入力すると、そのたびに入力したセルに関連する式が再計算されます。

　しかし多くの場合、マクロを実行する際に途中経過の画面を確認する必要はありませんし、数式の再計算もひと通りの処理が終了した時点で行えば十分です。そこで、一時的にこれらの動作をオフにすると、画面も更新されずに見やすくなり、マクロの実行スピードも上げられます。

　既定の動作をオフにするには、「**Applicationオブジェクト**」に用意されているプロパティを利用します。画面の更新は**ScreenUpdating**、イベント処理は**EnableEvents**、再計算は**Calculation**、そして、シートやセルの削除時や保存時などの確認メッセージは**DisplayAlerts**の値を変更します。

表1：マクロの実行速度に影響のある要素と設定方法

要素	プロパティと用途
画面更新	ScreenUpdating プロパティ オフ：False　オン：True
イベント処理	EnableEvents プロパティ オフ：False　オン：True
再計算	Calculation プロパティ 手動：xlCalculationManual　自動：xlCalculationAutomatic
警告メッセージ表示	DisplayAlerts プロパティ オフ：False　オン：True

　基本的には、マクロとして実行したい内容の前に、各種の動作をオフにするコードを記述し、実行したい内容の後ろで、各種動作を元の状態に戻すコードを記述します。

　特に画面更新を一時的にオフにすると、マクロの実行速度が飛躍的に上がります。覚えておくと便利な仕組みです。

マクロの実行速度を上げる

```
Application.ScreenUpdating = False
この箇所にマクロを記述
Application.ScreenUpdating = True
```

画面の更新をオフにしてマクロを実行

次のマクロは指定したブックを開き、データを転記後に閉じます。この一連の処理を画面更新を止めた状態で行うため、見かけ上「ブックを開かずにデータだけ転記」したように見えるような動きとなります。

画面の更新をオフにして転記　　　　　　　　　13-134：画面更新をオフにして実行.xlsm

```
01  Sub 画面を更新せずにブックのデータを転記()
02      Application.ScreenUpdating = False    '画面更新をオフ
03      '「本店.xlsx」を開いてデータを転記して閉じる
04      Dim bk
05      Set bk = Workbooks.Open(ThisWorkbook.Path & "\本店.xlsx")
06      Range("B2:F8").Copy ThisWorkbook.Worksheets(1).Range("B2")
07      bk.Close
08      Application.ScreenUpdating = True     '画面更新をオン
09  End Sub
```

図1：マクロの結果

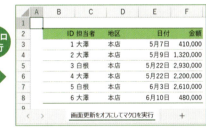

見かけ上「本店.xlsx」ブックを開かずにデータを転記できた

サンプルには画面更新の設定を行わずに同じ操作を行うマクロも用意しています。あわせて実行してみて、動きの違いを確認してみましょう。

プラスαのテクニック　　　　　　　　　　便利　5行以内

135 | 指定時間や一定の間隔でマクロを実行する

図1：今から5秒後にマクロを実行したい

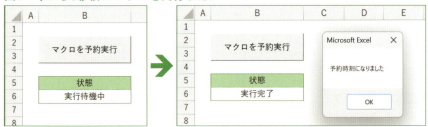

指定したタイミングでマクロを実行したい

指定した時刻にマクロが実行されるように予約する

　ほかの計器から取り込んだデータをExcel上に読み込んだり、一定の時間間隔で最新のデータを確認・参照したりするなど、「今すぐマクロを実行するわけではないが、ある時刻になったら実行したい」というような場合には、マクロの実行を予約することができます。

　マクロの実行を予約するには、**「Applicationオブジェクト」**の**「OnTimeメソッド」**を利用します。

OnTimeメソッドの構文
```
Application.OnTime 実行時刻, 実行マクロ名文字列
```

　また、時刻の指定を行う場合には、**「TimeValue関数」**を利用すると、普段の時刻表記の形で予約時刻を指定できて便利です。例えば、次のコードでは、「14:30」に「macro1」の実行を予約します。

指定時刻に指定したマクロの実行を予約する
```
Application.OnTime TimeValue("14:30"), "macro1"
```

　また、「今から5秒後」「今から10分後」など、予約時の時刻を基準に実行時刻を指定したい場合には、現在の日時情報を取得できる**「Now関数」**と組み合わせると、予約時刻の計算が簡単になります。

実行時の時刻を基にマクロの実行を予約する

```
'10分後に「macro1」を実行予約
Application.OnTime Now + TimeValue("00:10"), "macro1"
```

　実行を予約したマクロ内で、さらに次の実行を予約するコードを記述しておけば、「一定の時間間隔でマクロを定期的に実行する」といった処理も作成できますね。なお、OnTimeメソッドを使ったマクロの実行時間は、最小で秒数単位までの指定が可能です（ミリ秒を指定した場合は無視されます）。

5秒後にマクロを実行

　次のマクロ「マクロを予約実行」は、5秒後にマクロ「予約マクロ」を実行します。

5秒後にマクロを実行　　　　　　　　　　　13-135：指定時間にマクロを実行.xlsm

```
01  Sub マクロを予約実行()
02      '5秒後に実行予約
03      Application.OnTime Now + TimeValue("0:00:05"), "予約マクロ"
04      Range("B6").Value = "実行待機中"
05  End Sub
```

```
01  Sub 予約マクロ()
02      Range("B6").Value = "実行完了"
03      MsgBox "予約時刻になりました"
04  End Sub
```

　ちなみに、OnTimeメソッドを利用して実行予約を行っても、指定時刻にセル内編集モードでセルの値を変更している場合や、Excelがマクロの実行をできない状態であると、実行されません。セル内編集を終えたタイミングなどに、遅れて実行されます。

ここもポイント ｜ **予約を解除するには**

予約したマクロの実行を取り消すには、同じ予約時刻、マクロ名に加え、**引数Scheduleに「False」を指定**してOnTimeメソッドを実行します。次のコードでは、「14:30」に実行を予約した「macro1」の実行予約を取り消します。

```
Application.OnTime TimeValue("14:30"), "macro1",
Schedule:=False
```

マクロを手軽に実行する 便利

136 マクロをボタンや図形に登録する

図1：ボタンや図形を押してマクロを実行したい

ボタンや図形を押すとマクロが実行されるようにしたい

マクロを手軽に実行するボタンを用意する

　作成したマクロは、[マクロ] ダイアログから選択して実行するだけではなく、シート上に配置したボタンや図形から実行することもできます。

　手順としては、まず、**[開発] タブの [挿入] ボタン**をクリックして表示されるメニューから、左上の **[フォームコントロール] のボタン**を選択します。

　次に、ボタンを配置したい場所へドラッグします。すると、[マクロの登録] ダイアログが表示されるので、登録したいマクロを選択して、[OK] ボタンをクリックすれば完成です。

　配置したボタンに表示されるテキストは、ボタンを右クリックして表示されるメニューから、[テキストの編集] を選択して変更可能です。

　また、図形に登録したい場合には、シート上に配置した図形を右クリックして表示されるメニューから、[マクロの登録] を選択すれば、同じようにマクロを登録できます。

　ボタンや図形をクリックするだけでマクロが実行できるので、ほかの人とブックを共有し、マクロを使ってもらいたいときに便利な機能です。

図形やマクロを配置してマクロを登録する

図2：ボタンの配置とマクロの登録

①[開発]タブー[挿入]から、[フォームコントロール]の左上のボタンを選択し、シート上のボタンを配置したい場所をドラッグ

②[マクロの登録]ダイアログが表示されるので、登録したいマクロを選択し、[OK]ボタンをクリック

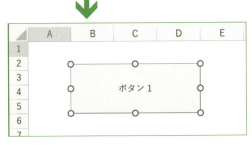

③ボタンが作成できた。表示するテキストや、登録するマクロの変更は、右クリックして表示されるメニューから実行できる

> **ここもポイント** | **あとからマクロを登録することも可能**
>
> ボタンを配置する際、マクロを登録せずに、表示されたダイアログの[キャンセル]ボタンをクリックしておき、あとからあらためて右クリックして表示されるメニューから、[マクロの登録]を選択して登録することも可能です。なお、配置したボタンの位置や大きさを変更したい場合は、いったんボタンを右クリックし、表示される枠やハンドル部分をドラッグします。

マクロを手軽に実行する　便利

137 マクロをクイックアクセスツールバーに登録する

図1：クイックアクセスツールバーからマクロを実行したい

クイックアクセスツールバーやリボンのボタンからマクロを実行したい

■ よく使うマクロをクイックアクセスツールバーに登録

よく使うマクロは、画面上部の**クイックアクセスツールバー**にボタンとして登録すると、より使いやすくなります。タイトルバーにある「クイックアクセスツールバーのユーザー設定」 をクリックし、表示されるメニューから「その他のコマンド」を選択すると、[Excelのオプション] ダイアログが表示されます。

図2：クイックアクセスツールバーに登録

❶の [コマンドの選択] から「マクロ」を選び、❷の [クイックアクセスツールバーのユーザー設定] から常に表示するか、登録ブック操作時のみに表示するかを指定します。ダイアログ左側のリストには、作成済みのマクロ一覧が表示されますので、その中から登録したいものを選択し、❸の [追

加］ボタンを押します。ボタンのアイコンを変更したい場合は④の［変更］を押しましょう。右下の［OK］ボタンを押せば完了です。

クイックアクセスバーのマクロの実行方法

クイックアクセスバーに登録したマクロは、ボタンを押せば実行されます。また、クイックアクセスバーに登録したコマンドは、 Alt **キーを押してショートカットキーモードに移行すると、その後に数値を押すと実行できる**仕組みになっていますが、登録したマクロもこの仕組みが適用されます。

図3： Alt ＋［対応する数値］キーでマクロ実行

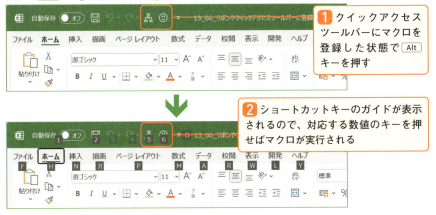

例えば、上図の場合には、クイックアクセスツールバーに、通常コマンドが4つ登録され、5つ目、6つ目に自作のマクロを登録した状態です。この状態で、 Alt → 5 キーや、 Alt → 6 キーを押せば、登録したマクロが実行されます。お手軽ですね。

同様に、［Excelのオプション］の［リボンのユーザー設定］欄からは、リボンのボタンとしてマクロを登録することも可能です。

> **ここもポイント｜マクロを登録したブックは開いている必要がある**
>
> マクロをボタン登録した場合、実行するにはそのマクロを登録したブックを開いている必要があります。マクロブックを「見かけ上開かない」まま利用したい場合には「個人用マクロブック」や「アドインブック」の仕組みを利用します。本書では扱いませんが、興味のある方は調べてみてください。

マクロを手軽に実行する　　　　　　　　　　便利

138 | マクロをショートカットキーに登録する

図1：ショートカットキーでマクロを実行する

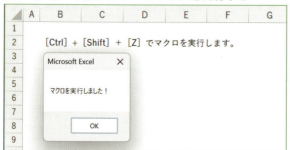

作成したマクロをショートカットキーで実行したい

ショートカットキーでマクロを瞬時に実行

　マクロは、[マクロ]ダイアログボックスから実行するだけではなく、ショートカットキーに登録して実行することもできます。

　[マクロ]ダイアログからショートカットキーに登録したいマクロを選択し、[オプション]ボタンをクリックすると、**[マクロオプション]ダイアログ**が表示されます。このダイアログの**[ショートカットキー]欄に、ショートカットキーとして登録したいキーを入力して[OK]ボタン**をクリックすれば登録完了です。

　登録したマクロは、基本的に、Ctrl+[登録したキー]で実行します。**ショートカットキーは、マクロを登録したブックが開いている間は、どのブックで作業を行っていても利用できます**。また、マクロを登録したブックを閉じると、登録も解除されます。

　なお、すでにショートカットキーの割り当てられているキーに対してマクロを登録すると、登録したマクロの実行が優先され、既定の動作は行われなくなります。例えば、Ctrl+Cキーにマクロを登録すると、以降、既定の動作である「コピー」は実行されずに、登録したマクロのほうが優先的に実行されます。

　ちなみに、マクロにキーを登録する際、Shiftキーを押しながら登録した

いキーを入力すると、そのショートカットは、Ctrl + Shift +［登録したキー］で実行されるようになります。既存のショートカットと重複させたくない場合には、この方法で空いているショートカットキーを登録するのもいいですね。

図2：マクロのショートカットキーへの登録

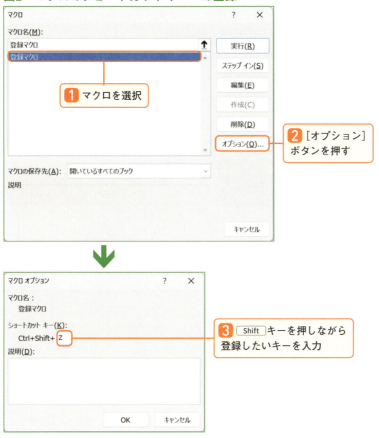

> **ここもポイント｜登録したマクロを含むブックは開いておく**
>
> ショートカットキーでマクロを実行する際には、マクロが記述されているブックを開いておく必要があります。

マクロを手軽に実行する   便利

139 指定のタイミングでマクロを実行させる

図1：任意のセルに値を入力するときにマクロを実行する

ID	商品名	単価	発注数	小計
1	あんまん	100	0	0
2	肉まん	120	0	0
3	ピザまん	140	0	0

「発注数」列をダブルクリックする

ID	商品名	単価	発注数	小計
1	あんまん	100	10	1,000
2	肉まん	120	0	0
3	ピザまん	140	0	0

マクロを起動させ、元の値に10加算した値を自動入力したい

イベント処理とは

VBAでは、あらかじめ用意された「イベント」が発生するタイミングで、任意のマクロを実行できる仕組みが用意されています。この仕組みを「**イベント処理**」と呼びます。

イベント処理を利用すると、ユーザーがセルの値を変更したタイミングや、ブックを開いたタイミング、閉じようとするタイミングなどで用意しておいたマクロの内容を実行し、追加の処理や、既定の処理をキャンセルするといったことが可能となります。

表1：WorkbookとWorksheetオブジェクトでよく使われるイベント（抜粋）

オブジェクト	イベント	タイミング
Workbook	Open	ブックを開いたとき
	BeforeClose	ブックを閉じるとき
	BeforeSave	ブックの保存時
Worksheet	Change	セルの値変更時
	SelectionChange	選択セル変更時
	BeforeDoubleClick	セルをダブルクリック操作時
	BeforeRightClick	セルを右クリック操作時

■ イベント処理は専用の「オブジェクトモジュール」に作成する

　イベント処理は、専用の「**オブジェクトモジュール**」に記述します。オブジェクトモジュールは、VBEの画面左上のプロジェクトエクスプローラーから、「Sheet1（Sheet1のイベント処理の記述場所）」「ThisWorkbook（ブックのイベント処理の記述場所）」などのオブジェクトをダブルクリックして表示します。

　表示できたら、コードウィンドウ上端にある2つのボックスのうち、**左側からオブジェクトを、右側からそのオブジェクトでイベント処理を作成したいイベントを選択**します。すると、対応するイベント処理のひな形がコードウィンドウに自動入力されます。

図2：オブジェクトモジュールと2つのボックス

　例えば、「Sheet1」のオブジェクトモジュールを表示し、「Worksheet」の「Changeイベント」を選択すると、次のようなひな形が自動入力されます。

```
01  Private Sub Worksheet_Change(ByVal Target As Range)
02  
03  End Sub
```

　このひな形の「Private Sub」と「End Sub」に挟まれた部分に記述したコードが、対応イベント発生時に実行されます。次のコードは「**Changeイベント**」発生時（指定シートのセルの値変更時）に、ダイアログを表示します。

```
01  Private Sub Worksheet_Change(ByVal Target As Range)
02      MsgBox "セルの値を変更しました！"
03  End Sub
```

　本書ではページ数の都合上、すべてのイベントを紹介することはできませ

んが、この2つのボックスを使うと、どのようなイベントが用意されているかを確認することができます。

イベント処理ならではの引数を利用する

イベントの種類によっては、**関連する情報や、イベント処理終了後に発生する既定の動作を、引数によって取得／設定できるもの**もあります。

例えば、Worksheetオブジェクトの「**Changeイベント**」は、「セルの値が変更されたときに発生するイベント」です。このイベントに対応するイベントプロシージャのひな形を作成すると、**引数「Target」**が用意されていることが確認できます。

セルの値が変更されたセルを表示　　　　　　　　　　　　13-139：イベント処理.xlsm

```
01  Private Sub Worksheet_Change(ByVal Target As Range)
02      '引数Targetを通じて対象セルへアクセス
03      MsgBox " 変更したセル:" & Target.Address
04  End Sub
```

図3：引数を利用したところ

Changeイベントの引数Targetを通じて「変更があったセルのアドレス」を取得できた

この引数「Target」には、「変更のあったセル」への参照が格納されており、引数経由で、そのセルへとアクセスできます。変更後の値をチェックしたい場合には「Target.Value」、アドレスを確認したい場合には「Target.Address」という形で対象セルを操作できます。

表2：イベントと引数の例（抜粋）

イベント	引数	用途
Worksheetオブジェクトの Changeイベントなど	Target	セルを操作した際に発生するイベント処理全般に用意された引数。引数を通じて、「操作されたセル」へアクセスできる。
Workbookオブジェクトの BeforeCloseイベントなど	Cancel	ブックを閉じる際などの、「その操作後に、なんらかの別の動作が実行される」イベント処理全般に用意された引数。

既定の動作をキャンセルする

引数「**Cancel**」が用意されているイベント処理では、イベント処理中に引数「Cancel」に「True」を代入すると、既定の動作をキャンセルできます。次のコードでは、セルをダブルクリックした際に発生する「**BeforeDoubleClickイベント**」を利用し、「ダブルクリックした箇所がセル範囲E3:E7内だった場合、セルの値をプラス10する」という処理を作成しています。

セル範囲E3:E7をダブルクリックするとプラス10する　　13-139：イベント処理.xlsm

```vb
Private Sub Worksheet_BeforeDoubleClick(ByVal Target As Range, Cancel As Boolean)
    '操作セルがセル範囲E3:E7内の場合、10だけ加算
    If Not Application. _
            Intersect(Target, Range("E3:E7")) Is Nothing Then
        Target.Value = Target.Value + 10
        Cancel = True
    End If
End Sub
```

図4：マクロの結果

ID	商品名	単価	発注数	小計
1	あんまん	100	0	0
2	肉まん	120	0	0
3	ピザまん	140	0	0

❶「発注数」列をダブルクリックする

マクロ実行

ID	商品名	単価	発注数	小計
1	あんまん	100	10	1,000
2	肉まん	120	0	0
3	ピザまん	140	0	0

BeforeDoubleClickイベント処理が実行され、既定の操作がキャンセルされる

引数Targetを使ってダブルクリックをしたセルを取得し、さらに、イベント処理内で「Cancel = True」と、既定の操作をキャンセルしているため、本来であればダブルクリック時の既定の操作である「セル内編集モードに移行する」という処理をキャンセルします。

このように、イベント処理ごとに渡される引数を利用すると、イベント処理に応じたかゆいところに手が届く操作が作成できます。

動作のチェック　　　　　　　　　　　　　　　　　　　　便利

140 テキストファイルにログを書き出す

■ ログを出力しておく仕組みは何かと助かる

　マクロを作成・運用していく際には、なんらかの方法でログを取る仕組みを用意しておくと、マクロの流れの把握やデバッグ時に役立ちます。

　Debug.Printステートメント（P.88）でイミディエイトウィンドウに出力できるのですが、あまり長いログの出力には向いていません。そこで、テキストファイルに好きな内容をどんどん追記していけるような仕組みを作成してしまいましょう。

　新規に「util」モジュールを追加し、以下のマクロ「log」を作成します。

ログを出力する仕組み　　　　　　　　　　　　13-140：ログの書き出し.xlsm

```
01  Sub log(ParamArray values())
02      'ログ用テキストファイルのパスを指定
03      Dim logPath, fileNo
04      logPath = ThisWorkbook.Path & "\log.txt"
05      fileNo = FreeFile
06      'ログ用テキストファイルに引数の内容を追記
07      Open logPath For Append As #fileNo
08          Print #1, Join(values, vbTab)
09      Close #1
10  End Sub
```

　マクロ「log」は、引数として受け取った値を、マクロを記述したブックと同じフォルダー内のテキストファイル「log.txt」に追記していきます。ほかのマクロからは、以下のようにして利用します。

マクロ「log」でテキストファイルにログを書き出す　　13-09：ログの書き出し.xlsm

```
01  util.log "実行日時", Format(Now, "yyyy-mm-dd h:mm")
02  util.log "Hello ログテキスト"
03  util.log "りんご", 300, 15
```

図1：マクロの結果

気軽にログが残せますね。実行中に「今、この変数の値はどうなっているんだろう」「今、アクティブシートってどれになっているんだろう」「マクロを実行した日時を記録しておきたい」など、さまざまなちょっとした事柄を記録しながらマクロの開発と利用を行っていきましょう。

シートの値の変更履歴をログとして記録する

ワークシートのChangeイベントなどのイベント処理（P.298）と組み合わせると、イベント処理が起きたタイミングでログを記録することも可能です。

次のコードは、シートのChangeイベントを利用し、値を変更したセルのセル番地と、変更後の値をログ出力します。

Changeイベントと組み合わせてログを取る　　　13-140：ログの書き出し.xlsm

```
01  Private Sub Worksheet_Change(ByVal Target As Range)
02      '変更のあったセルの情報をログ出力
03      util.log Target.Address, Target.Cells(1).Value
04  End Sub
```

図2：マクロの結果

動作のチェック　　　　　　　　　　　　　　　　　便利

141 ブレークポイントを利用する

図1：ブレークポイントで一時停止して確認

マクロがうまく動かない原因を突き止めたい

マクロの実行途中で一時停止して確認

　マクロを実行し、動かせはしたもののどうも思っていた動きと違う、そんな場合には原因を突き止める必要があるのですが、この手のデバッグ作業は全世界のマクロ作成者を悩ませ続けています。

　そこで、VBEの**ブレークポイント**機能を利用してみましょう。コードウィンドウの任意の行の左端のインジケーターをクリックすると、ブレークポイントが設定されます。この状態でマクロを実行すると、ブレークポイントを設定した箇所で一時停止状態になります。

図2：ブレークポイントを設定してマクロを実行したところ

❶ブレークポイントを設定する

❷マクロを実行するとブレークポイントの部分で一時停止状態になる

✏️ [ローカル] ウィンドウで状況確認

　実行停止状態になったら、**[表示] - [ローカルウィンドウ] で [ローカルウィンドウ] を表示**してみましょう。すると、その時点で利用されている変数と、その変数に入力／セットされている内容が一覧表示されます。

　ここで意図していない変数が存在していないか、意図していない値が入力されていないかなどを一括チェックできます。

図3：[ローカルウィンドウ] で変数と値を確認

式	値	型
⊞ main		main/main
ringoPrice	Empty 値	Variant/Empty
ringoCount	10	Variant/Integer
total	0	Variant/Integer
ringoPlice	"りんご"	Variant/String

ローカル
VBAProject.main.ブレークポイントで確認

　図3の場合、「りんごの値段」を管理する意図で変数「ringoPrice」を用意したのですが、その値は「Empty値」、つまりカラです。その代わりに、謎の変数「ringoPlice」が存在しており、値は「りんご」となっています。どうやらこのあたりが原因のようです。

　これらを手掛かりにして、ミスしている場所を突き止められますね。今回は、以下のようなミスをしていました。

ミスをしていた箇所
```
ringoPlice = Range("B3").Value
```

ミスをしていた箇所の修正後
```
ringoPrice = Range("C3").Value    '変数名と値の取得セル位置を修正
```

> **ここもポイント** | **Option Explicitステートメントで変数名のミスを防ぐ**
>
> 本文中では「変数名の書き間違い」がミスの原因の1つになっていましたが、VBEには「宣言していない変数名を使おうとしたときは、警告を表示する」という仕組みを持つ「Option Explicitステートメント」というものも用意されています。興味のある方は調べてみてください。

VBEの操作　　　　　　　　　　　　　　　　　　　　　　便利

142 VBE自体をマクロで操作する

■ Excel画面ではなくVBE画面を操作するマクロもある

　実はマクロはExcel画面だけではなく、VBE画面も操作できます。VBEでの作業も自動化できるというわけですね。便利そうです。

　ただし、大きな注意点として、**VBE画面を操作できるということは、悪意のあるプログラムテキスト自体をマクロから作成し、実行してしまう危険性が生じます**。そのため、既定の設定ではVBEに対するマクロからの操作はできないようになっています。

　この設定は、ブック単位で行うのではなく、そのPCのExcelの設定として管理されています。現在の設定を確認／変更するには、Excel画面の［開発］－［マクロのセキュリティ］を選択して表示される［トラストセンター］ダイアログから行います。

図1：セキュリティ設定

　「開発者向けのマクロ設定」欄の**「VBAプロジェクトオブジェクトモデルへのアクセスを信頼する」にチェックを入れると、マクロによるVBE画面の操作を許可する、という設定となります。**

　本書の以降の各節のコードは、このセキュリティ設定を**許可した状態**でないと動作しないので注意してください。

VBE画面を操作するのもオブジェクトの仕組みを利用

　Excel画面を操作する際には、目的に応じたオブジェクトを指定し、そのプロパティやメソッドを利用しましたが、VBE画面を操作する際も同様に、VBE画面の各種の操作対象に応じたオブジェクトが用意されています。

表1：VBEを操作する際に利用するオブジェクト（抜粋）

オブジェクト	用途
VBEオブジェクト	VBE画面そのもの。ExcelでいうApplicationオブジェクトのような位置付け。
VBProjectオブジェクト	ひと固まりのマクロ関連オブジェクトの単位。ExcelでいうWorkbookオブジェクトのような位置付け
VBComponentsコレクション	個々のモジュール（VBComponentオブジェクト）をまとめて扱うコレクション。ExcelでいうWorksheetsコレクションのような位置付け
VBComponentオブジェクト	個々のモジュール。ExcelでいうWorkSheetオブジェクトのような位置付け
CodeModuleオブジェクト	モジュール内のコードテキスト全体。コードテキストを取得したり修正したりする際に利用

　例えば、次のマクロは、実行時にブック内に存在するモジュールすべてのモジュール名を出力します。細かなコードの内容はともかく、Excelの操作と同じような形で扱えることがわかりますね。

すべてのモジュール名をエクスポート　　　　　　　13-142：VBEをマクロで操作.xlsm

```
01  Sub モジュール名を出力()
02      'すべてのモジュール名を出力
03      Dim mdl
04      For Each mdl In ThisWorkbook.VBProject.VBComponents
05          Debug.Print mdl.Name
06      Next
07  End Sub
```

> **ここもポイント｜セキュリティアプリからの警告対象となることも**
>
> VBEを操作するマクロは、その内容や利用しているセキュリティアプリによっては「マクロウイルス」であると判断され、警告・削除の対象となることもあります。便利な仕組みですが、注意を払って利用していきましょう。

VBEの操作 便利

143 モジュールをテキストファイルとして書き出す

図1：標準モジュールを書き出したい

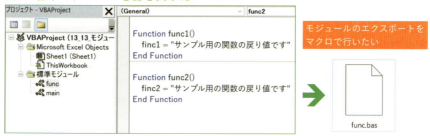

標準モジュールをbasファイルとしてエクスポート

Gitなどのバージョン管理アプリを利用している方は、マクロの開発時にもバージョン管理ができると安心でしょう。しかし、Excelブックはあまりバージョン管理アプリと相性がいい形式ではありません。

モジュール単位で**エクスポート**して管理することはできるのですが、エクスポートするには、

1. ［プロジェクトエクスプローラー］でモジュールを選択
2. ［ファイル］－［ファイルのエクスポート］を選択
3. 保存先フォルダーを選択してエクスポート

と、少々手間がかかります。そこでマクロの出番です。指定したモジュールを、指定したフォルダーへとエクスポートする仕組みを作成してみましょう。

任意のモジュールをエクスポートするには、モジュール（VBComponentオブジェクト）を指定して**Exportメソッドの引数に、ファイル名を含むパス文字列を指定して実行**します。

Exportメソッドの構文

```
モジュール.Export パス文字列
```

バージョン管理をする場合は、モジュールをエクスポートする専用のフォルダーを用意してバージョン管理の対象としておけば、あとはそこにモジュールをエクスポートすればOKですね。

指定モジュールをエクスポート

次のマクロは、マクロを記述したブック内にある標準モジュール「func」を、マクロを記述したブックと同じフォルダー内にある「modules」フォルダーの中にエクスポートします。

指定モジュールをエクスポート　　　　　　　　　13-143：モジュールを書き出す.xlsm

```
01  Sub モジュールを指定して書き出す()
02      '書き出したいモジュール名と保存先を指定
03      Dim mdlName, filePath
04      mdlName = "func"
05      filePath = _
06          ThisWorkbook.Path & "\modules\" & mdlName & ".bas"
07      '書き出し
08      ThisWorkbook.VBProject. _
09          VBComponents(mdlName).Export filePath
10  End Sub
```

図2：マクロの結果

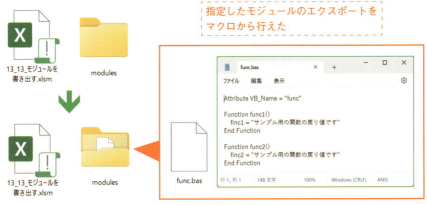

指定したモジュールのエクスポートをマクロから行えた

ここもポイント　標準モジュールの拡張子は「*.bas」

標準モジュールをエクスポートする際の拡張子は「*.bas」となります。「標準（Basic）」の一部から取った拡張子なのでしょうね。ちなみに、オブジェクトモジュールなどの拡張子は「*.cls」となります。

VBEの操作

144 書き出しておいた モジュールを読み込む

図1:エクスポートしておいたモジュールを読み込みたい

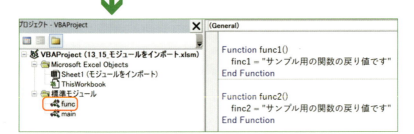

■ モジュールのインポート

エクスポートしておいたモジュールは、[ファイル]-[ファイルのインポート]で、作業中のブックにインポートできます。よく使うマクロやメンテナンス用のマクロを1つのモジュールに集めてエクスポートしておき、同じような作業を行うブックにインポートしたり、メンテナンス作業を行うときだけメンテナンス用のマクロをインポートして作業したりと、一連のマクロを持ち運んで作業したいときに便利な仕組みです。

このインポート操作をマクロから行うには、「**VBComponentsコレクション**」に対して読み込みたいモジュールのパスを引数に指定して「**Importメソッド**」を実行します。

モジュールをインポートする構文
```
VBComponents.Import モジュールのパス
```

また、インポート先にすでに同名のモジュールがある場合には、モジュールの末尾に連番が付加された名前で読み込まれます。新たなモジュールとして読み込みたい場合は、先に同名のモジュールを開放（削除）し、そのあとにインポートしましょう。任意のモジュールを開放するには、「**Removeメソッド**」を利用します。

指定モジュールを開放（削除）
```
VBComponents.Remove 開放したいVBComponentオブジェクト
```

📂 指定モジュールをインポート

　このマクロは、マクロを記述したブックと同じフォルダー内の「modules」フォルダー内にエクスポートしてある標準モジュール「func」（P.309）を、作業中のブックにインポートします。

モジュールをインポートする　　　　　　　　　13-144：モジュールをインポート.xlsm

```
01  Sub モジュールを指定して読み込む()
02      '読み込みたいモジュールのパスを指定
03      Dim mdlName, filePath
04      mdlName = "func"
05      filePath = _
06          ThisWorkbook.Path & "\modules\" & mdlName & ".bas"
07      '読み込み
08      ThisWorkbook.VBProject.VBComponents.Import filePath
09  End Sub
```

　次のマクロは、作業中のブック内の標準モジュール「func」を開放（削除）します。

指定モジュールを開放する（削除する）
```
Sub モジュールを削除する()
    Dim VBComps
    Set VBComps = ThisWorkbook.VBProject.VBComponents
    VBComps.Remove VBComps.Item("func")
End Sub
```

　なお、Removeメソッド実行時には、手作業で開放したときのような確認メッセージは表示されません。単純にモジュールが削除されます。

VBEの操作　　　　　　　　　　　　　　　　　　　便利

145 マクロや関数の一覧表を作成する

図1：今、どんなマクロが作成されているかを知りたい

ブックの中にどんなマクロや関数が作成されているかをリスト表示して把握したい

	A	B	C	D
1				
2		モジュール名	マクロ名／関数名	該当行のコードテキスト
3		main	マクロや関数のリスト書き出し	Sub マクロや関数のリスト書き出し()
4		main	マクロや関数のリスト書き出し	If code Like "*Sub *" Or code Like "*Function *" Then
5		func	func1	Function func1()
6		func	func2	Function func2()
7		util	util1	Sub util1()
8		util	util2	Sub util2()
9		util	util3	Sub util3()
10				

◢ 作成してあるマクロの一覧表を作成

　作成したマクロや関数が増えてくると、現在このブックには、どんなマクロがどれだけ作成してあるかを把握するのがだんだん難しくなってきます。都度、書き留めておけばいいのですが、なかなか手間でしょう。また、ちょっとしたテスト用に作成した一時的なマクロをうっかり削除し忘れていて、そのままリリースしてしまうといった事態を避けるためにも一覧表でのチェックは有用です。そこでマクロの出番です。

　マクロの各モジュールはVBComponentオブジェクト、そのコードテキストは、CodeModuleオブジェクトからアクセスできます。そこから1行ずつコードを取得し、「コード内に『Sub（スペース）』か、『Function（スペース）』がある場合はマクロや関数のタイトルとみなす」というルールでチェックすることで、一覧表を作成してみましょう。

■ すべてのモジュールをループ処理してチェックする

　次のマクロは、マクロを記述してあるブック内のすべてのモジュールのコードを1行ずつチェックし、「Sub（スペース）」か「Function（スペース）」が含まれている場合は、モジュール名、その位置のマクロまたは関数名・実際のコードの情報をシート上に書き出します。少し長いマクロになってしまいましたが、モジュール関連を操作する処理の参考にしてみてください。

マクロや関数の一覧を作成する

13-145：マクロや関数の一覧表を作成.xlsm

```
01  Sub マクロや関数のリスト書き出し()
02    Dim mdl, codeMdl, idx, rowOffset, code
03    'マクロを記述してあるブックのモジュールについて走査
04    For Each mdl In ThisWorkbook.VBProject.VBComponents
05      Set codeMdl = mdl.CodeModule
06      'コードの1行目から最終行までをループ処理
07      For idx = 1 To codeMdl.CountOfLines
08        'コードテキストに「Sub 」「Function 」があれば情報書き出し
09        code = codeMdl.Lines(idx, 1)
10        If code Like "*Sub (*" Or code Like "*Function (*" Then
11          Range("B3:D3").Offset(rowOffset).Value = _
12              Array(mdl.Name, codeMdl.ProcOfLine(idx, 0), code)
13          rowOffset = rowOffset + 1
14        End If
15      Next
16    Next
17  End Sub
```

図2：マクロの結果

	A	B	C	D
1				
2		モジュール名	マクロ名／関数名	該当行のコードテキスト
3		main	マクロや関数のリスト書き出し	Sub マクロや関数のリスト書き出し()
4		main	マクロや関数のリスト書き出し	If code Like "*Sub *" Or code Like "*Function *" Then
5		func	func1	Function func1()
6		func	func2	Function func2()
7		util	util1	Sub util1()
8		util	util2	Sub util2()
9		util	util3	Sub util3()
10				

ブックの中のマクロや関数の一覧表（モジュール名、マクロ名や小テキスト抜粋の情報）が作成できた

　マクロ名でなく、コード中に「Sub（スペース）」がある部分もヒットしてしまいますが、ざっくりとしたチェックはこれでできそうですね。

VBEの操作 　便利

146 外部ライブラリの仕組みと利用方法を知っておこう

図1：外部ライブラリを利用する際に便利な［参照設定］機能

VBAだけでは実現が難しい機能も、外部ライブラリを使えば簡単に実現できる場合もある

外部ライブラリの仕組み

　VBAでは、「基本のVBAの仕組みにはない機能」を、**外部ライブラリ**の仕組みを使って利用できるようになっています。外部ライブラリとは、ざっくりと言うと「特定の目的に特化したオブジェクトが使えるようになる拡張機能」です。

　例えば、ライブラリ「SAPI.SpVoice」は音声合成機能に特化したライブラリですが、このライブラリを使うと指定したテキストを喋らせることができます。

SAPI.SpVoiceライブラリで喋らせる
```
CreateObject("SAPI.SpVoice").Speak "ハローVBA！"
```

　外部ライブラリは、Excelとは別の仕組みとして用意されていて、どの外部ライブラリが使えるかは、PCによって異なります。WindowsやOfficeアプリケーションをインストールした時点で一緒にインストールされる「おなじみの」「だいたいの環境で使える」外部ライブラリもあれば、特定アプリ専用や、ユーザーが自分で作って自分のPCだけで使える外部ライブラリも存在します。

外部ライブラリの使い方

外部ライブラリは、それぞれが独立した1つのファイルとして保存されています。このファイルを［ツール］－［参照設定］から表示する［参照設定］ダイアログボックス（図1）を使って**参照設定**をすると、そのライブラリ内に定義されているオブジェクトや組み込み定数、オブジェクトのプロパティ、メソッド、引数などがコードヒントとして表示されるようになります。

例えば図2では、VBE画面を扱う際に利用できるオブジェクトをまとめた外部ライブラリ「Microsoft Visual Basic for Applications Extensibility x.x（xはバージョン番号）」、通称「VBIDE」を参照設定した上で、コードを入力したところです。

図2：参照設定を行うとヒントが表示される

参照設定を行うと、VBEがそのライブラリの定義を理解してヒント表示してくれるようになる

ただし、この参照設定はファイルパスを基準に行うため、環境の異なるPCに持ち込むと、エラーとなる場合があります。「指定パスにライブラリありませんけど？」となる危険性が出てくるわけですね。

その場合は、パスではなく外部ライブラリごとに指定されている「クラスID」を利用してCreateObject関数の仕組みで利用できる場合があります。

CreateObject関数で外部ライブラリを利用する例

```
Dim 変数
Set 変数 = CreateObject(外部ライブラリに応じたクラスID文字列)
以降、変数を通じて外部ライブラリのオブジェクトを利用
```

実行したPCに外部ライブラリのクラスIDが登録されており、外部ライブラリが利用できる環境であればこちらの形式で利用可能です。

本書では詳しく扱いませんが、実現したい操作を調べていくうちに「参照設定」「CreateObject」などのキーワードが出てきたら「外部ライブラリのことだな」と見当を付けて、関連情報を検索してみてください。

基本的な使い方さえ理解できれば、便利な仕組みです。

index
索引

アルファベット

ActiveCell プロパティ	119
ActiveSheet プロパティ	242
ActiveWorkbook プロパティ	250
AddChart2 メソッド	196
Address プロパティ	225, 278
Add メソッド	244
AdvancedFilter メソッド	208, 214
AGGREGATE ワークシート関数	216
AI	082
Application.GoTo メソッド	266
Application オブジェクト	288
Array 関数	116, 185, 264
As キーワード	054
AutoFilter メソッド	206
AutoFit メソッド	041, 166
BeforeDoubleClick イベント	301
Borders プロパティ	170
Calculation プロパティ	288
Call ステートメント	070
Change イベント	299
Chart オブジェクト	198
ClearContents メソッド	040, 138
Close メソッド	251, 258
ColumnDifferences メソッド	163
Columns プロパティ	154
Copy メソッド	121, 248, 276
CurrentRegion プロパティ	152
CutCopyMode プロパティ	118
DateAdd 関数	110
DateSerial 関数	112
Day 関数	112
Delete メソッド	134, 245
Dim ステートメント	050
Dir 関数	272
DisplayAlerts プロパティ	288
DisplayPageBreaks プロパティ	228
EnableEvents プロパティ	288
End プロパティ	158
EntireColumn プロパティ	160
EntireRow プロパティ	178
Export メソッド	232, 308
FindFormat オブジェクト	202
Find メソッド	202
Font プロパティ	039, 164
For Each Next ステートメント	058
For Next ステートメント	056, 172
Format 関数	108
FormulaR1C1 プロパティ	102
Formula プロパティ	100
FullName プロパティ	235, 251
Height プロパティ	194, 286
HorizontalAlignment プロパティ	168
HorizontalAnchor プロパティ	190
If Else ステートメント	062
If ステートメント	060
IIf 関数	114
Import メソッド	310
Insert メソッド	178
Interior オブジェクト	174
Is 演算子	260
Left プロパティ	194, 287
ListObject オブジェクト	156
MkDir 関数	240
Month 関数	112
MOTW	031
Move メソッド	247, 262
MsgBox 関数	064
Name ステートメント	274
Name プロパティ	164, 235, 251
Next プロパティ	248
Now 関数	290
NumberFormatLocal プロパティ	168
NumberFormat プロパティ	133

Offset プロパティ	098
OnTime メソッド	290
Open メソッド	252
PageSetup オブジェクト	224
PaperSize プロパティ	230
Parent プロパティ	286
PasteSpecial メソッド	044, 118
Path プロパティ	234, 251
Pattern プロパティ	174
Phonetics オブジェクト	134, 136
Previous プロパティ	249
PrintArea プロパティ	224
PrintOut メソッド	227, 243, 251
R1C1 形式	102
Randomize ステートメント	115
Range オブジェクト	035
Remove メソッド	311
ReplaceFormat オブジェクト	200
Replace メソッド	142, 200
Replace 関数	147
Resize プロパティ	220
Rnd 関数	114
RowDifferences メソッド	162
Rows プロパティ	154, 181
Run メソッド	284
SaveAs メソッド	251, 256
SaveCopyAs メソッド	236, 251
Save メソッド	251, 256
ScreenUpdating プロパティ	288
Selection プロパティ	098
Select メソッド	264
Set ステートメント	052
ShapeRange メソッド	191
Shapes コレクション	188
Shape オブジェクト	188
Shell オブジェクト	284
Sort メソッド	204
SpecialCells メソッド	176
Step キーワード	172
StrConv 関数	130
Sub ステートメント	020
TextFrame2 オブジェクト	190
TextRange プロパティ	192
TextToColumns メソッド	184
Text プロパティ	127, 136
ThemeColor プロパティ	175
ThisWorkbook プロパティ	234, 250
TimeValue 関数	290
TintAndShade プロパティ	175
Top プロパティ	194, 287
TRANSPOSE ワークシート関数	106
Value プロパティ	039, 098
VBA	034
VBComponents コレクション	310
VBE	016, 306
vbLf	146
VerticalAnchor プロパティ	190
Visible プロパティ	268
Weight プロパティ	170
Width プロパティ	039, 194, 286
WindowState プロパティ	287
Window オブジェクト	286
With ステートメント	053, 207
Workbooks コレクション	036, 250
Workbook オブジェクト	250
WorksheetFunction オブジェクト	104
Year 関数	112

あ行

値に変換	120
値のみクリア	138
一括置換	142
一括入力	116
イベント処理	298
イミディエイトウィンドウ	017, 088
印刷設定	224
インデント（字下げ）	022
ウィンドウサイズ	286
エクスポート	308

317

エラー	086	バックアップ	236
演算子	048	背景色	174, 200
オブジェクトモジュール	299	配列	117
か行		比較演算子	060
改行	117, 146	引数	041, 042
開発タブ	014	日付値	026, 132
外部ライブラリ	314	非表示	124, 150, 268
関数	076	表示形式文字列	108, 168
クイックアクセスツールバー	294	標準モジュール	018, 068
グラフ	188, 232	フィルター	206, 212
組み込み定数	044	フォームコントロール	292
繰り返し処理	056	フリガナ	128, 134
罫線	170	ブレークポイント	304
コード	020	プロジェクトエクスプローラー	017
コードウィンドウ	017	プロパティ	038
コメント	020, 074	プロパティウィンドウ	017
コレクション	036	ヘルプ機能	080
さ〜な行		変数	050
条件分岐	060	保存	028
ショートカットキー	296	ボタン	292
書式の貼り付け	122	**ま〜わ行**	
シリアル値	027	マクロの記録	094
数式	100, 176	マクロの実行	024
数値	026	マクロの予約実行	290
図形	188	マクロ名	020
ステートメント	090	マクロ有効ブック形式	028
ステップ実行	090	命名規則	079
スピル	106	メソッド	040
宣言	050	モジュール	018, 068
相対参照	102	文字列	026
代入	051	戻り値	076
データ型	054	ランダムな値	114
テーブル	156, 218	リスト	144, 210
デバッグツールバー	032	リセット	032
並べ替え	204	ループ処理	056
二次元配列	106	連結	148
は行		ログの作成	302
パース（展開）	184	ワークシート関数	104
パスの取得	234	ワイルドカード	272

本書サンプルプログラムのダウンロードについて

本書で使用しているサンプルプログラムは、下記の本書サポートページからダウンロードできます。zip形式で圧縮しているので、展開してからご利用ください。

【本書サポートページ】
https://book.impress.co.jp/books/1124101018

1 上記URLを入力してサポートページを表示
2 ［ダウンロード］をクリック

画面の指示にしたがってファイルを
ダウンロードしてください。
※Webページのデザインやレイアウトは
　変更になる場合があります。

staff list スタッフリスト

カバー・本文デザイン	米倉英弘（米倉デザイン室）
DTP	リブロワークス・デザイン室
校正	聚珍社
デザイン制作室	今津幸弘
	鈴木 薫
制作担当デスク	柏倉真理子
編集	山田瑠梨花（リブロワークス）
編集長	柳沼俊宏

本書のご感想をぜひお寄せください
https://book.impress.co.jp/books/1124101018

「アンケートに答える」をクリックしてアンケートにご協力ください。アンケート回答者の中から、抽選で図書カード（1,000円分）などを毎月プレゼント。当選者の発表は賞品の発送をもって代えさせていただきます。はじめての方は、「CLUB Impress」へご登録（無料）いただく必要があります。
※プレゼントの賞品は変更になる場合があります。

アンケート回答、レビュー投稿でプレゼントが当たる！
読者登録サービス　CLUB Impress　登録カンタン 費用も無料！

■商品に関する問い合わせ先

このたびは弊社商品をご購入いただきありがとうございます。本書の内容などに関するお問い合わせは、下記のURLまたは二次元バーコードにある問い合わせフォームからお送りください。

https://book.impress.co.jp/info/

上記フォームがご利用いただけない場合のメールでの問い合わせ先
info@impress.co.jp

※お問い合わせの際は、書名、ISBN、お名前、お電話番号、メールアドレス に加えて、「該当するページ」と「具体的なご質問内容」「お使いの動作環境」を必ずご明記ください。なお、本書の範囲を超えるご質問にはお答えできないのでご了承ください。

● 電話やFAXでのご質問には対応しておりません。また、封書でのお問い合わせは回答までに日数をいただく場合があります。あらかじめご了承ください。
● インプレスブックスの本書情報ページ https://book.impress.co.jp/books/1124101018 では、本書のサポート情報や正誤表・訂正情報などを提供しています。あわせてご確認ください。
● 本書の奥付に記載されている初版発行日から3年が経過した場合、もしくは本書で紹介している製品やサービスについて提供会社によるサポートが終了した場合はご質問にお答えできない場合があります。

■落丁・乱丁本などの問い合わせ先
FAX 03-6837-5023
service@impress.co.jp
※古書店で購入された商品はお取り替えできません。

たった10行で仕事がはかどる
Excel マクロ＆ＶＢＡ 全部入り
改訂2版（できる全部入り）

2024年10月21日 初版発行

著者　　古川 順平
発行人　高橋隆志
編集人　藤井貴志
発行所　株式会社 インプレス
　　　　〒101-0051　東京都千代田区神田神保町一丁目105番地
　　　　ホームページ　https://book.impress.co.jp/

本書は著作権法上の保護を受けています。本書の一部あるいは全部について（ソフトウェア及びプログラムを含む）、株式会社インプレスから文書による許諾を得ずに、いかなる方法においても無断で複写、複製することは禁じられています。

Copyright © 2024 Junpei Furukawa. All rights reserved.

印刷所　株式会社暁印刷
ISBN978-4-295-02030-1　C3055
Printed in Japan